科学。奥妙无穷▶

溶洞探幽

中国出版集团
现代出版社

目录

目录

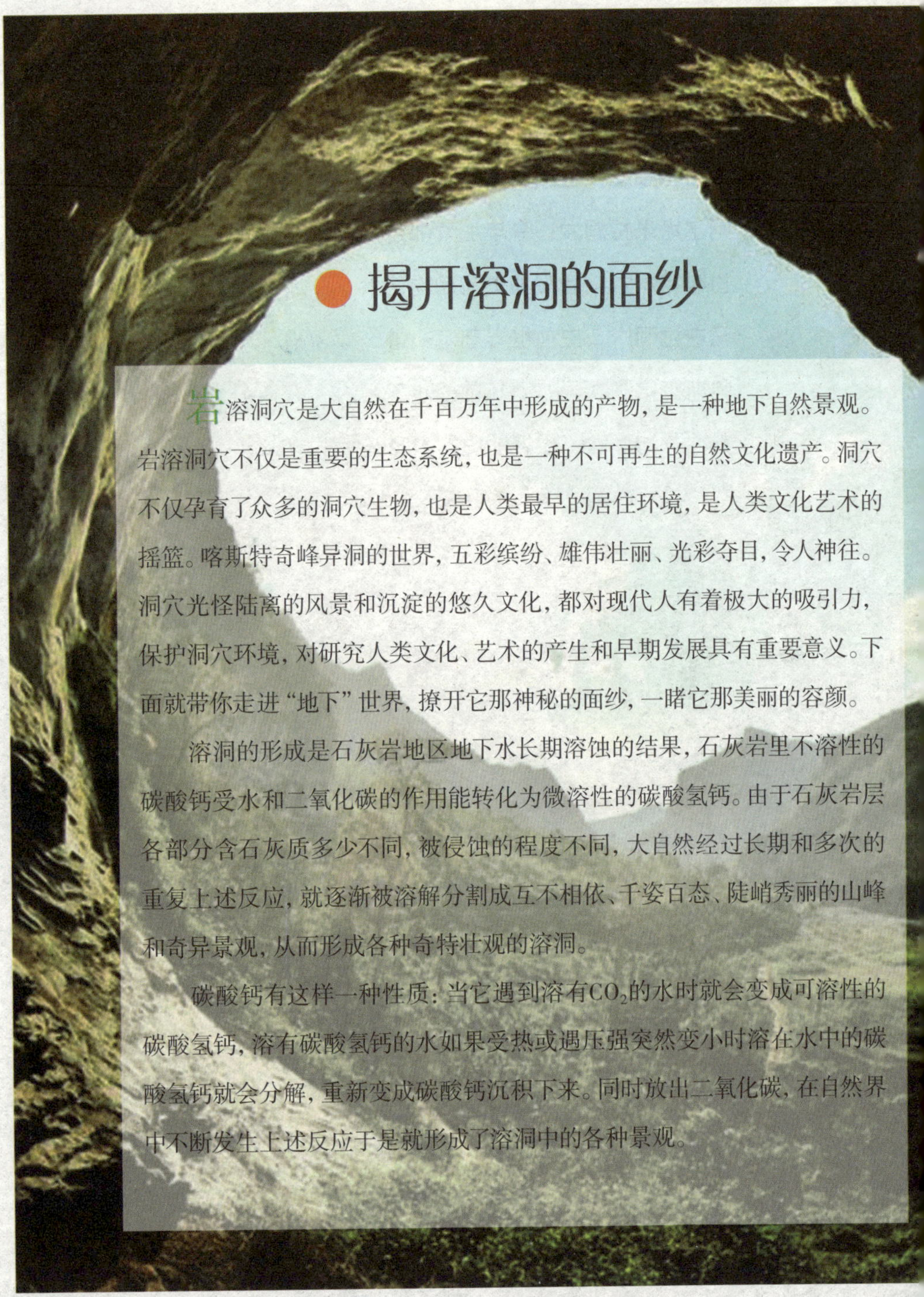

揭开溶洞的面纱

岩溶洞穴是大自然在千百万年中形成的产物，是一种地下自然景观。岩溶洞穴不仅是重要的生态系统，也是一种不可再生的自然文化遗产。洞穴不仅孕育了众多的洞穴生物，也是人类最早的居住环境，是人类文化艺术的摇篮。喀斯特奇峰异洞的世界，五彩缤纷、雄伟壮丽、光彩夺目，令人神往。洞穴光怪陆离的风景和沉淀的悠久文化，都对现代人有着极大的吸引力，保护洞穴环境，对研究人类文化、艺术的产生和早期发展具有重要意义。下面就带你走进“地下”世界，撩开它那神秘的面纱，一睹它那美丽的容颜。

溶洞的形成是石灰岩地区地下水长期溶蚀的结果，石灰岩里不溶性的碳酸钙受水和二氧化碳的作用能转化为微溶性的碳酸氢钙。由于石灰岩层各部分含石灰质多少不同，被侵蚀的程度不同，大自然经过长期和多次的重复上述反应，就逐渐被溶解分割成互不相依、千姿百态、陡峭秀丽的山峰和奇异景观，从而形成各种奇特壮观的溶洞。

碳酸钙有这样一种性质：当它遇到溶有CO_2的水时就会变成可溶性的碳酸氢钙，溶有碳酸氢钙的水如果受热或遇压强突然变小时溶在水中的碳酸氢钙就会分解，重新变成碳酸钙沉积下来。同时放出二氧化碳，在自然界中不断发生上述反应于是就形成了溶洞中的各种景观。

美国肯塔基州马默斯洞穴

溶洞的分布 〉

洞穴是可溶岩区域常见的现象，从终年积雪的高山一直到海面以下均有分布。目前，世界各国已探明长度超过10千米的洞穴有160多个，深度超过700米的达 55个。如美国肯塔基州马默斯洞穴长373.38千米（1984年），法国和西班牙之间比利牛斯山的皮埃尔·圣·马丹洞深1332米（1977年），帕米尔阿莱山基耶夫斯卡亚洞深1080米（1976年）。

• 中国洞穴分布概况

我国可溶岩分布面积广大，裸露于地表的碳酸盐岩面积有 91 万平方千米，加上覆盖与埋藏于地下的碳酸盐岩，可溶岩分布面积达 340 万平方千米，南方黔、滇、桂、川、湘、鄂、粤诸省区为最重要的岩溶区，碳酸盐岩沉积总厚度在 10000 米以上，几乎分布于各个地质时代，分布面积广大的碳酸盐岩，加上适宜的多种多样的气候条件使我国成为世界上岩溶洞穴资源最为丰富的国家。

我国数以十万计的岩溶洞穴分布在广大的国土范围内，北自黑龙江的伊春，南到海南岛的三亚市，西起西藏狮泉河，东到吉林通化、浙江杭州。而且，历史上对它们的科学记载和论述甚为悠久。早在《山经》（春秋战国时代）和第一部药物学著作《神农本草经》（西汉时代）中就有关于岩溶洞穴及其内化学沉积物的记载。不

少洞穴在隋唐之前就已有游人参观、探险，留下大量石刻、题记等文物。明代伟大的地理学家、旅行家徐霞客（1587—1641）亲自探查了南方 300 余个岩溶洞穴，成为世界洞穴探险和考察的先驱。近代，以为代表的我国岩溶洞穴考古和洞穴文化研究举世瞩目。随着国民经济建设的发展和中外联合洞穴探险活动的开展，探测了一批探测难度很大的巨型洞穴系统，取得了一批新成果。越来越多的岩溶洞穴被发现、被探测、被开发。据初步统计，目前已调查的洞道长度超过 500 米的岩溶洞穴在 400 个以上。截至 2002 且 5 月，我国实测长度超过 3000 米的洞穴有 108 个；被开发的游览洞穴总数约 300 个；具有重要考古价值的洞穴近百个。目前已知的最大的洞穴系统是广西乐业百朗地下河洞穴系统，已探测到总长达 75 千米的洞穴通道；其次是湖北省利川县腾龙洞，水洞和旱洞总长度为 52.8 千米；贵州省修文白龙洞洞穴系统、镇远耷子河大溶洞、绥阳双河洞和多缤洞的洞道长度都超过 20 千米。许多洞穴中有巨大的洞穴厅堂，全世界已知平面面积大于 30000 平方米的单个厅堂共有 24 个，我国就占有 7 个，贵州格必河洞穴系统中的苗厅面积 11.6 万平方米，位居世界第二。从单个大厅的体积看，广西乐业县大槽洞穴中的红玫瑰大厅体积为 7 百万立方米，居世界第二。

长洞穴、大洞穴最为发育的地区为南方湿润热带和亚热带气候区，最为集中的发育在黔、桂、滇和四川、湘西、鄂西和粤北等地。我国东南沿海地区，如皖、赣、苏、浙、闽、海南、台湾诸省，碳酸盐岩呈岛状或条状零星分布，气候条件有利，洞穴亦较发育，但其规模和发育密度远逊于西南地区。过去认为岩溶洞穴不发育的北方地区，近年来也不断有洞穴被发现，大部分是地下水位型洞穴，有不少洞穴长度超过千米，如辽宁本溪水洞（长 3134 米）、北京房山县石花洞（长 2500 米）等。

• 世界洞穴分布概况

世界洞穴主要分布在南斯拉夫的迪纳拉山区，法国中央高原，俄罗斯的乌拉尔山区，澳大利亚大陆南部，美国肯塔基和印第安纳州，我国的云贵高原，古巴、牙买加和越南北部地区等。

溶洞的史料

中国早在《山海经》和《神农本草经》中就有关于洞穴及洞穴沉积物的记载。南宋范成大在《桂海虞衡志》中记载了洞穴，并探讨了其成因。明末徐霞客亲身探查了300余个的洞穴，成为世界上考察喀斯特洞穴的先驱。近代喀斯特洞穴的研究始于欧、美。20世纪40年代以来洞穴研究有了迅速发展，俄罗斯、意大利、美国等国的研究成果较多，在国际上已形成为洞穴学。

溶洞形成 >

第一种观点认为是地下水溶蚀和沉淀的结果。人们在过去认为，溶洞都是由碳酸盐质的石灰岩形成，十分坚硬，但长期沉浸在地下水中而被溶解，尤其当水中含有二氧化碳时，岩石的溶解速度更快。这样年复一年，在坚硬的岩层中便被溶蚀出一个个洞穴。当溶有碳酸盐质的地下水重新滴入洞中时，由于环境中温度降低、压力减小，水中的二氧化碳又溢出，于是水对石灰岩的溶解力降低，原本溶解在水中的部分碳酸盐因过饱和而沉淀析出，日积月累，一根根形态各异的石钟乳、石笋和石柱便形成了。

碳酸盐质的石灰岩

藻类生物

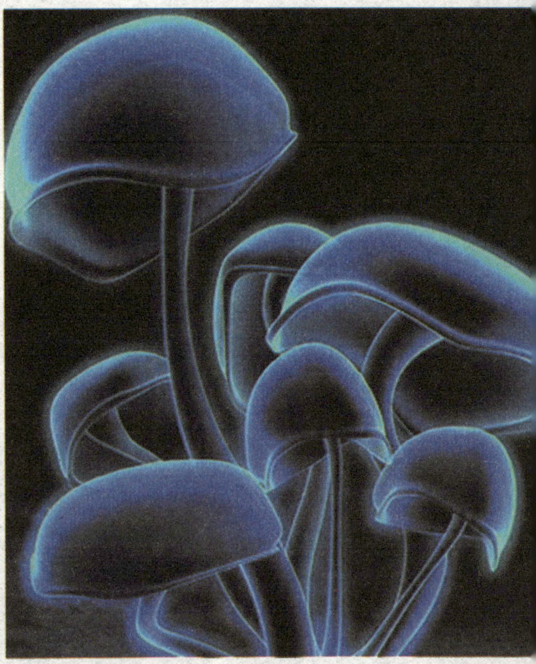

第二种观点认为是“生物建造学说”的结果。近年来，溶洞是地下水溶蚀和沉淀的结果的传统观点受到了我国溶洞科学家的质疑。他们经过考察研究发现，藻类生物与溶洞的形成有着十分密切的关系，从而提出了“生物建造学说”，即溶洞形成的新理论。

这种学说认为，藻类是地球上最早出现、至今仍广泛分布的一种原始植物，它们虽然低级，但和其他植物一样具有光合作用的能力和趋光生长的特点。由于在生长发育过程中，它们会分泌钙质，还能收集、粘接微细的碳酸盐质颗粒，并且一般营集群生活，一代又一代的藻类共同生长在一起，许多海洋生物礁因此形成。

溶洞中的石钟乳几乎都是冲着光线向上弯曲生长，这与藻类趋光生长的特性吻合；石钟乳、石笋内部还有类似树木年轮的同心圆状构造，这是藻类逐年生长、分泌、收集和粘接碳酸盐质微粒的结果。还有，在有些溶洞的岩石中，科学家们发现了类似古代藻类的层状化石结构；在有些溶洞的表层，则找到了仍在生长的多种多样的藻类。

所以，生物建造学说认为，溶洞的洞穴空间的形成虽与水的溶蚀作用有关，但溶洞中那些千奇百怪的石钟乳、石笋和石柱的形成，应该主要是藻类生物在漫长的岁月中逐渐建造起来的，然后经过石化作用，最后才呈现出今天的面貌。

石钟乳

溶洞的分类 〉

按其发育演化，溶洞可分出以下6种。

1. 地表水沿灰岩内的节理面或裂隙面等发生溶蚀，形成溶沟（或溶槽），原先成层分布的石灰岩被溶沟分开成石柱或石笋。

2. 地表水沿灰岩裂缝向下渗流和溶蚀，超过100m深后形成落水洞。

3. 从落水洞下落的地下水到含水层后发生横向流动，形成溶洞。

4. 随地下洞穴的形成地表发生塌陷，塌陷的深度大面积小，称坍陷漏斗，深度小面积大则称陷塘。

5. 地下水的溶蚀与塌陷作用长期相结合地作用，形成坡立谷和天生桥。

6. 地面上升，原溶洞和地下河等被抬出地表成干谷和石林，地下水的溶蚀作用在旧日的溶洞和地下河之下继续进行。云南路南的石林是上述第一阶段（溶沟阶段）的产物，这里的自然风光因阿诗

玛姑娘的动人传说而变得格外旖旎。桂林的象鼻山，则是原地下河道出露地表形成的。在广西境内，经常可看到这种抬升到地表以上的溶洞，俗称“神女镜”或“仙女镜”。

洞穴温度 〉

洞穴深处的温度与当地年平均温度相近。一般说，洞穴温度随洞穴的高程和纬度而变化，高程和纬度愈高，洞穴温度愈低。洞穴温度还因洞穴形态和洞口数目而异：由洞口向下倾斜的单洞口洞穴，冬季时冷空气下沉洞底，夏季洞外热而轻的暖空气难以进入洞内，故这种洞穴的温度要比周围低，称为冷洞；由洞口向上倾斜升起的单洞口洞穴，暖空气保留在洞穴的上部，难以流动，温度比周围要高些，称为暖洞。自然界洞穴中几乎全部能觉察到空气的流动，有的在夏季从洞内吹出凉风，有的在冬季向洞外喷出热气，有的洞穴内空气有周期性的吸进和吹出，形成呼吸洞。洞穴空气是比较干净的，细菌很少，空气的电离也很弱，所以不少国家建立了“洞穴治疗”，目前主要治疗支气管哮喘、风湿痛和高血压等。

洞穴化石

主要是古动物和古人类化石，以此可推断洞穴形成的上限或相对年代、当时的地理环境。世界上已发现的主要古人类化石地点大多数是在洞穴内，如北京猿人、山顶洞人。

山顶洞人

山顶洞分为洞口、上室、下室和下窨4部分。洞口向北，高约4米，下宽约5米。上室在洞穴的东半部，南北宽约8米，东西长约14米。在地面的中间发现一堆灰烬，底部的石钟乳层面和洞壁的一部分被烧炙，说明上室是山顶洞人居住的地方。在上室文化层中发现有婴儿头骨碎片、骨针、装饰品和少量石器。下室在洞穴的西半部稍低处，深约8米。发现有3具完整的人头骨和一些躯干骨，人骨周围散布有赤铁矿的粉末及一些随葬品，说明下室是葬地。下窨在下室深处，是一条南北长3米、东西宽约1米的裂隙。发现了许多完整的动物骨架，推测它们是在人类入居以前，偶然坠入这个天然“陷阱”之中的。在山顶洞堆积中发现的脊椎动物化石共54种，其中哺乳动物有48种，大多数属华东、内蒙古和东北地区的现生种，绝灭动物只有洞熊、斑鬣狗和鸵鸟3种，仅占动物总数的12.1%。由此表明山顶洞是晚更新世末的洞穴遗址。

山顶洞人塑像

钟乳石与石钟乳

广西、云南是我国钟乳石资源最丰富的省区，所产的钟乳石光泽剔透、形状奇特，具有很高的欣赏价值。碧野《富春江畔·“冰壶”与“双龙”》：“洞内到处都是钟乳石，湿润清新，有的像玉柱从顶垂直到地，有的像雨云倒悬空中，有的像白浪滔滔，波涌连天，真是气象万千，蔚为奇观。”在石灰岩里面，含有二氧化碳的水，渗入石灰岩缝隙中，会溶解其中的碳酸钙。这溶解了碳酸钙的水，从洞顶上滴下来时，由于水分蒸发、二氧化碳逸出，使被溶解的钙质又变成固体（称为固化）。由上而下逐渐增长而成的，因形状像钟乳，所以称为“钟乳石”“石钟乳”。

钟乳石，是指碳酸盐岩地区洞穴内在漫长地质历史中和特定地质条件下形成的石钟乳、石笋、石柱等不同形态碳酸钙沉淀物的总称，它的形成往往需要上万年或几十万年时间。由于形成时间漫长，钟乳石对远古地质考察有着重要的研究价值。

钟乳石，又称石灰华。多产于石灰岩溶洞中。有多种颜色，乳白、浅红、淡黄、红褐，有的多种颜色间杂，形成奇彩纷呈的图案，常常因含矿物质成分不同，而色彩各异。它的形状千奇百怪，笋状、柱状、帘状、葡萄状，还有的似各种各样的花朵、动物、人物，清晰逼真，栩栩如生。清代陈矩在《天金石录》中载：“石产龙洞中，锐如笋，长数寸，亦有尺余者，细孔累累绕之。”

溶洞，是形成钟乳石得天独厚的条件，凡石灰岩洞，都有断层和裂缝，会常年缓缓不断地渗水和滴水。含有碳酸钙的水，滴时使水中的碳酸钙淀积，经过亿万年的堆积增长，慢慢形成钟乳石。溶洞底部常有许多碧澄的小湖，湖畔千姿百态的石头，往往就是钟乳石。此石，表面滑润，取其根部可磨出鲜艳精美的图案。溶洞未开发之前，由于洞深无

路，里面险峻难行，并有蛇类出没，采石者必须具有探险的胆略才能获取真宝。在山东鲁山一带，有天然溶洞30多处，被称为沂源溶洞群，已开发的有石龙洞、千人洞、养神洞、向

阳洞、织女洞、吕祖洞、珊瑚洞等，洞内的石笋、石柱、石花、石幔比比皆是，奇特多姿，已成为游洞观石之胜地。在山东临朐县城40千米处，祥堂崮周围发现20多个溶洞，洞内均产钟乳石。其中最大的溶洞叫“和尚洞”，多产“和尚头”型的钟乳石。冶源镇的回头崮，也有钟乳洞。深受收藏家喜爱的钟乳石，石质细腻，花纹好看，图像清晰而简繁不一。有一块叫《嫦娥奔月》的钟乳石，呈现出一片红褐色天空，流淌着一条蜿蜒的银河，就在河之半圆中，嫦娥拖着白色长裙，势欲飞奔，真是活灵活现，妙趣横生。钟乳石用途广泛，给它配上底座，放置于客厅茶几上，十分美观；将它植于陶盆中，因石上有细孔累累绕之，可栽花种草，组成山水盆景，也显得高雅清秀。钟乳石和石笋每年只增长1毫米左右。随着时间的推移，这些沉积物就会形成千姿百态、十分壮观的天然建筑物。

解析溶洞名词 〉

喀斯特地貌

• 洞穴

自然形成的人可进入的地下空洞，通常由水的溶蚀、侵蚀和风蚀作用而成。

• 岩溶地貌

岩溶地貌即“喀斯特地貌”，由岩溶作用造成的地貌。在碳酸盐岩（包括石灰岩、白云岩、泥灰岩等）地层中分布最广，地面上往往崎岖不平，岩石嶙峋，奇峰林立，地表常见有石芽、溶沟、石林、漏斗、落水洞、溶蚀洼地、坡立谷、盲谷、峰林等岩溶形态，地下则发育着地下河、溶洞等各种洞穴系统。

白云石

• 洞穴沉积

洞穴沉积由物理、化学作用形成的洞穴机械沉积、流水沉积以及次生化学沉积物沉积的通称。

• 白云石

白云石即白云岩的矿物名称，其化学成分为 $CaMg(CO_3)_2$。

• 边石

边石水流过积水池边缘形成的碳酸钙沉积。边石的边为花边，有的成小坝，边石内常积水成塘。边石是地下水沿不平坦洞穴底部流动时由于二氧化碳散逸，碳酸钙沉淀形成。

• 边石坝

边石坝横过水流方向形成的凸向下游的坝状边石。

• 穿洞

沿地下河道或脱离地下水位的河道的两端开口、洞内透光的洞穴廊道。

• 洞穴系统

特定区域由人可进入的或具有水力联系的相互连通的洞穴管道，也指具有复杂洞穴通道和洞厅的洞穴。

• 洞厅

具有较大洞长和洞宽的洞中空穴。

• 落水洞

由流水沿裂隙进行侵蚀、溶蚀以及塌陷作用形成的消泄地表水的垂向洞穴，常与地下洞道或洞厅相连，深度可达百米以上。

- 洞穴崩塌堆积

从洞顶、洞壁、洞口伴随崩塌作用形成的块石、碎石和角砾石堆积物的统称。

- 洞穴生物堆积

主要由动物粪便、骨骼所形成的土状洞穴堆积物。

- 地下河

地下河又称暗河，具有河流特性的地下通道。

- 洞穴生物

洞穴生物有狭义和广义之分。狭义洞穴生物只能在洞内特定环境中繁衍，在洞外已失去生存能力的生物，故又称真洞穴生物。如低等植物藻类、微生物、脊椎动物盲鱼、盲鳅，无脊椎动物蜘蛛、马陆、班灶马、蜈蚣等。洞穴动物眼睛明显退化，缺乏色素。广义洞穴生物指洞内分布的所有生物种群。

- 洞穴植物

洞穴植物种类和数量都很少，只在洞口附近出现一些特殊植物，向内随着光的强度减弱，植物种类迅速减少，植物的器官和组织结构也发生变化。它们主要有羊齿植物、苔藓和地衣、藻类。

• 洞穴动物

洞穴动物包括真洞穴动物、喜洞穴动物和寄居性洞穴动物。①真洞穴动物，只生存于洞内黑暗世界中，不能生活于洞外环境的动物，体内通常缺少色素，完全没有眼或仅有很小的眼，但触角很长，嗅觉灵敏，具有低消耗能量的新陈代谢。如洞穴鱼、洞螈、洞穴蜘蛛、尺蛾和膜足硬肢马陆。②喜洞穴动物，在洞穴内完成生命循环、能在洞外黑暗潮湿环境中生活的动物。如蚯蚓、某些蝾螈。③寄居性洞穴动物、临时寄居于洞内的动物，如蝙蝠。

鹅管

• 地下水示踪

检测流水或土壤水消失点与地表或地下水出露点之间的水力联系的方法。

• 地下水面

地下水的潜水水面，地下水完全充填所有的地下空间。

• 鹅管

洞顶向下生长的上下基本一致的细长中空的钟乳石。

• 方解石

方解石即碳酸钙的矿物名称，其化学成分为 $CaCO_3$。碳酸钙最常见的矿物形式也是石灰岩的主要组分。

• 伏流

地表河流经过地下的潜伏段。它与地下河的主要区别在于伏流有明显的进出口，而地下河没有，而且伏流进口水量为出口水量的主要来源。

- 峰林

高耸林立的石灰岩山峰，分散或成群出现在平地上，远望如林。

- 峰丛

联座的峰林，峰与峰之间常形成“U”形马鞍地形。

- 虹吸管

指一段充水的、呈倒“U”形，在一定距离露出水面的、进出口有水位差的地下岩溶管道。

- 脚洞

沿地下水面发育形成的水平性洞穴。多由泛滥的洪水侵蚀、溶蚀作用形成于石峰脚下。

- 卷曲石

螺旋状或扭曲向上的钟乳石。由饱含碳酸钙的水从洞顶或洞壁的毛细管渗出而沉积的，可以沿任意方向生长。

- 流石

洞内流水形成的碳酸钙沉积。形成洞顶的称顶流石，形成于洞壁的称壁流石，形成于洞底的称底流石。

• 莲花盆

莲花盆又称云盆，由中心向外、向上生长所形成底小面大的盆状碳酸钙沉积物，呈圆形或浑圆形盘状。它有环形中心，大部分与洞顶的钟乳石对应。分布在洞底较为开阔的溶洞中，盘顶面位于同一水平面上，其外围总有封闭的边石坝，能蓄水。

• 流痕

由水流的溶蚀和侵蚀作用，在洞壁上形成的波状凹凸的形态。通过它可鉴定形成时的水流流向。

• 落水洞

消泄地表水的近于垂直的或倾斜的洞穴。

• 迷宫

由各种方向、规模、相互连通的溶洞所组成的近乎水平的洞穴系统。

• 潜水坑

地下水淹没洞顶的地下水洞段。

石珊瑚

- 溶潭

可溶岩地区呈潭状、井状水深较大的天然地下水露头。

- 石珊瑚

石珊瑚在钟乳石表面，下滴水流和水花溅出的水珠在毛细管水作用下粘附在洞壁或石笋、石幔的表面而形成的珊瑚状碳酸钙沉积物。

- 石盾

石盾又称调色板，由上下两块平行的板组成的外形似盾状的碳酸钙沉积物。石盾是由略具承压性质的渗流水沿某一裂缝以一定角度渗出，从裂缝口部开始形成上下两个板面并向外呈环形逐层生长沉淀成盾状沉积物，盾体的直径从10多厘米至4或5米，厚度一般为2—10厘米，当渗流水较多时，便在盾面的下部形成石钟乳或石幔。

- 石幔

洞壁或洞顶流出的饱含碳酸钙的薄层水流沉积形成褶状流石，形如布幔，又称石帘、石帷幕。

• 石旗

有洞顶或内侧洞壁上连续性水流形成的薄而透亮的旗帜状流石。

• 石笋

溶洞洞顶滴水落到洞底后，在洞底发生溅击作用，经水的蒸发、二氧化碳逸去，碳酸钙发生沉淀，形成由下而上增长的碳酸钙沉积物，形如笋状，具有叠帽特征。

• 石柱

石钟乳与对应生长的石笋连接后形成的柱状体。

• 石花

呈丛花状散布在洞壁或其他洞穴堆积物表面的非重力水（雾水）沉积。

• 石灰华

石灰华又称钙华，在地表由岩溶河、泉、湖水沉积形成的大空隙性次生碳酸钙。

• 溶蚀

溶蚀由流动的介质尤其水对可溶性岩石所进行的化学侵蚀作用。

石花

- 天坑

天坑四周岩壁陡立（不是任何形式的缓坡，也不包括后期改造）深度与宽度均大于 50m 的地表陷坑。

- 天生桥

地下河与溶洞的顶板崩塌后，横跨河谷的残留顶板。其两端与地面相接，中间悬空而呈桥状。

- 天窗

地下河或溶洞顶部通向地表的透光部分。

- 穴珠

穴珠即洞穴珍珠，在地下河溶洞滴水坑中形成的具有同心圆结构的球状碳酸钙沉积物。小的为鲕粒，大的呈球状和饼状。

- 悬吊岩

洞内位于洞顶、洞壁的基岩突出物。

- 岩溶

水对可溶岩如石灰岩、白云岩和盐岩的溶蚀作用及其所产生的地质现象。

• 岩溶漏斗

岩溶漏斗又称斗淋，呈碟状、圆锥状或烟囱状的封闭洼地，由垂向裂隙的溶蚀作用或洞穴顶板的崩塌作用，漏斗多形成于岩溶地区，漏斗个体变化也很大，从几米到几百米不等。

• 滴水穿石

石头的成分中含 $CaCO_3$，空气中含 CO_2，它们会发生反应：$CaCO_3+CO_2+H_2O=Ca(HCO_3)_2$ 生成溶于水的 $Ca(HCO_3)_2$。从而就有了滴水穿石的说法。

还有一种说法是每一滴水落下来都会有一次小“爆炸”，次数多了就穿石了。

坐落在安徽广德县境内太极洞，是一座庞大的地下溶洞群，洞内的“十大奇观”的景色中就有“滴水穿石”。其名揭示了兔形石上小孔的成因，是以“成因”命名。

石笋名字的来历

石笋和石钟乳，每百年才长高1厘米，长1米，就是一万年了。在地上长成一个尖锥体，很像竹笋，故名石笋。

海中洞穴 >

“海中洞穴”在圣纳帕东部，有一处被海水冲蚀切割成各种形状的岩石海滩，有的像拱门，有的像山洞。背影映照在深蓝色的海水中，造型很美。她独特的美不仅仅在于这自然形成的迷人风景，同时还包括了她提供给我们的多方面享受。人们来这里可以游泳、潜水、垂钓、划船、骑脚踏车等等，周边还生长着大量灌木植被。菊花、野洋葱、银莲花主要在春天开放。在这个地区中生长的300多种植物中，有11种是当地特有的。还有鹌鹑、野鸽、猫头鹰和许多迁徙鸟类。另外还有野兔、蝙蝠、蝴蝶等等。

灌木植物

喀斯特地貌

“喀斯特”原是欧洲伊斯特拉半岛上的石灰岩高原的地名，意思是岩石裸露的地方。那里有发育典型的岩溶地貌。“喀斯特”一词即为岩溶地貌的代称。中国是世界上对喀斯特地貌现象记述和研究最早的国家，早在晋代即有记载，尤以明代徐霞客（1586—1641）所著的《徐霞客游记》记述最为详尽。

认识喀斯特地貌

喀斯特又称岩溶。通常指岩石裸露、草木不生，具有洞穴、落水洞、地下河而缺乏地表河流和湖泊为特征的地区。是地下水对可溶性块状石灰岩溶蚀的结果。喀斯特分布在世界上极为零散的地区，如法国的科斯、中国的广西、美国的肯塔基州等。促使喀斯特发育的条件是：1.地表附近有节理发育的致密石灰岩；2.中等到较大的降雨量；3.地下水循环通畅。石灰岩（碳酸钙）在略有酸性的水中容易发生溶解，而这种水在自然界中广泛存在。雨水沿水平的和垂直的裂缝渗透到石灰岩中，将石灰岩溶解并带走。由于地表物质也被流水带走，还没有被溶解的石灰岩就形成了石灰岩喀斯特面。沿节理发育的垂直裂缝逐渐加宽、加深，形成石骨嶙峋的地形。当雨水沿地下裂缝流动时，就不断使裂缝加宽加深，直到终于形成洞穴系统或地下河

道。狭窄的垂直纵向竖井与这些河道联通，使地表水顺畅地经地下河流走。

世界上的大洞穴，大多数是喀斯特区。我们在照片中常见到的岩沟、天生桥、石灰岩孤峰、石林等，都是喀斯特区特有的地形。如果洞穴足够大且顶部接近地表，则洞顶会发生坍塌。这样就会产生名叫落水洞的洼地。落水洞是喀斯特地形的一种最有代表性的特征，常常合并成更大的凹陷，叫作坡立谷（俗称“天坑”），它常常是平底的，并由石灰岩中不溶残余形成的土壤所覆盖。有些地区的石灰岩中不溶解物多一些，留下来的物质形成可以耕种的土壤。在一些降雨量很大喀斯特地区，所有降水都完全渗透到地下，甚至使那一地区连生活用水都难以找到。另一些地方，地表则可能会出现大泉，以河流的形式流过地表面，然后再次消失于地底下。

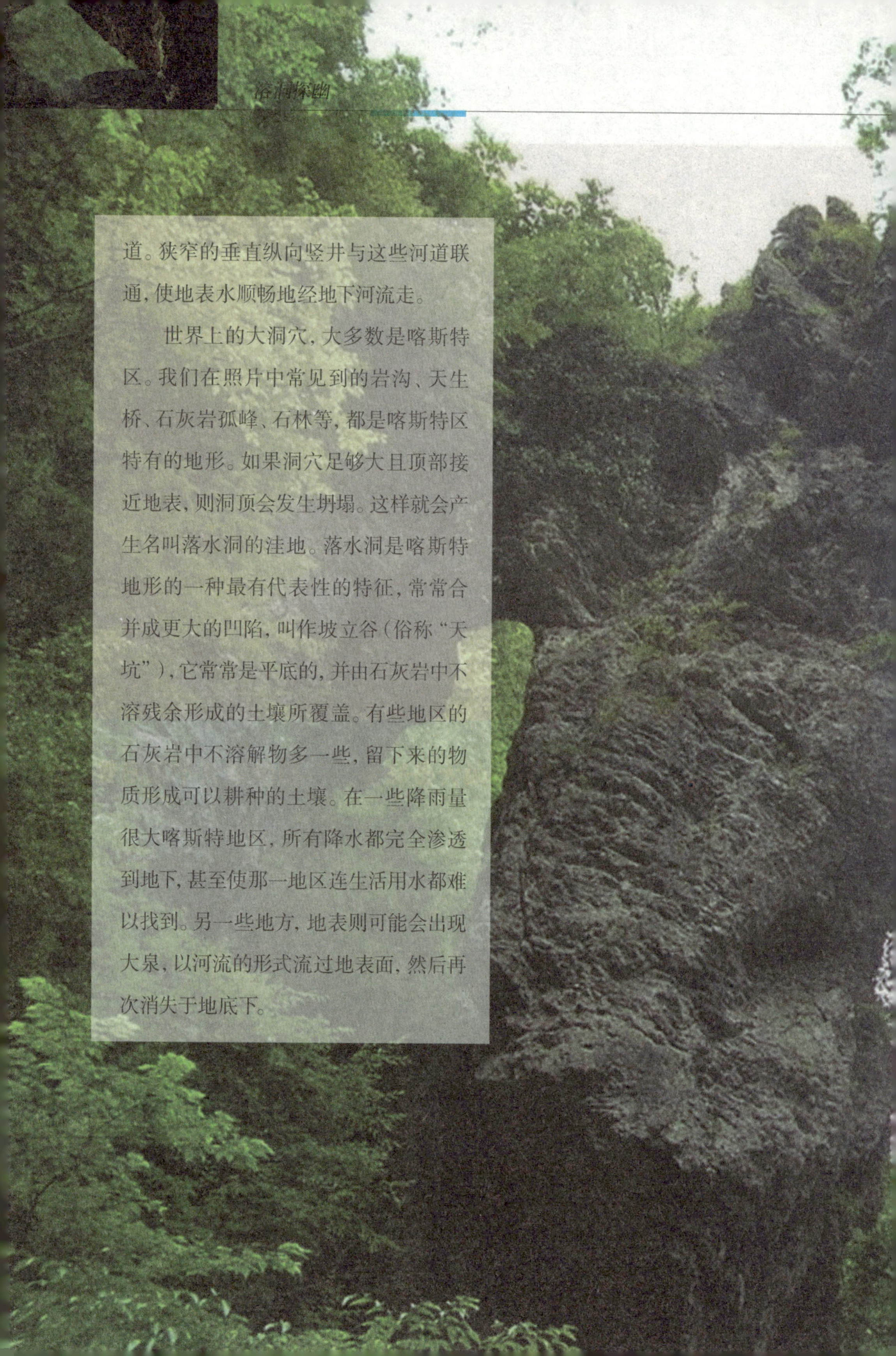

在干旱地区，渗流的地下水常常将细小土粒冲刷掉，而形成无数小管道，而后注入冲沟的源头。当这些管道崩塌时，就形成了假喀斯特地形。位于美国怀俄明州坎布里亚石灰岩区的落水洞就是假喀斯特地形，其中甚至出现一些落水洞，不过并不像许多真正的落水洞那样延伸到潜水面以下。

裸露型喀斯特

地貌类型 〉

喀斯特可划分成许多不同的类型。按出露条件分为：裸露型喀斯特、覆盖型喀斯特、埋藏型喀斯特。按气候带分为：热带喀斯特、亚热带喀斯特、温带喀斯特、寒带喀斯特、干旱区喀斯特。按岩性分为：石灰岩喀斯特、白云岩喀斯特、石膏喀斯特、盐喀斯特。此外，还有按海拔高度、发育程度、水文特征、形成时期等不同的划分等。由其他不同成因而产生形态上类似喀斯特的现象，统称为假喀斯特，包括碎屑喀斯特、黄土和黏土喀斯特、热融喀斯特和火山岩区的熔岩喀斯特等。它们不是由可溶性岩石构成，在本质上不同于喀斯特。

形成原因 >

中国现代喀斯特是在燕山运动以后准平原的基础上发展起来的。老第三纪时，华南为热带气候，峰林开始发育；华北则为亚热带气候，至今在晋中山地和太行山南段的一些分水岭地区还遗留有缓丘一洼地地貌。但当时长江南北却为荒漠地带，是喀斯特发育很弱的地区。新第三纪时，中国季风气候形成，奠定了现今喀斯特地带性的基础，华南保持了湿热气候，华中变得湿润，喀斯特发育转向强烈。尤其是第四纪以来，地壳迅速上升，喀斯特地貌随之迅速发育，类型复杂多样。随冰期与间冰期的交替，气候带频繁变动，但在交替变动中气候带有逐步南移的特点，华南热带峰林的北界达南岭、

苗岭一线，在湖南道县为北纬25° 40′。在贵州为北纬26° 左右。这一界线较现今热带界线偏北约3—4个纬度，可见峰林的北界不是在现代气候条件下形成的。中国东部气温和雨量虽是向北渐变，但喀斯特地带性的差异却非常明显。这是因为受冰期与间冰期气候的影响，间冰期时中国的气温和雨量都较高，有利于喀斯特发育。而冰期时寒冷少雨，强烈地抑制了喀斯特的发育。但越往热带其影响越小。在热带峰林区域，保持了峰林得以断续发育的条件，而从华中向东北则影响越来越大，喀斯特作用的强度向北迅速降低，使类型发生明显的变化。广大的西北地区，从第三纪以来均处于干燥气候条件下，是喀斯特几乎不发育的地区。

中国喀斯特 >

中国喀斯特地貌分布广泛，类型之多，为世界罕见。在中国，作为喀斯特地貌发育的物质基础——碳酸盐类岩石（如石灰石、白云岩、石膏和岩盐等）分布很广。据不完全统计，总面积达200万平方千米，其中裸露的碳酸盐类岩石面积约130万平方千米，约占全国总面积的1/7；埋藏的碳酸盐岩石面积约70万平方千米。碳酸盐岩石在全国各省区均有分布，但以桂、黔和滇东部地区分布最广。湘西、鄂西、川东、鲁、晋等地，碳酸盐岩石分布的面积也较广。

中国喀斯特特征与类型 >

- 地表喀斯特

- **溶沟和石芽**

溶沟是指地表水沿岩石表面和裂隙流动过程中不断对岩石溶蚀和侵蚀，从而形成的石质沟槽；石芽指突出于溶沟之间的石脊，其实它是溶沟形成过程中的残余物。云南地区的石林就是发育比较好的形态高大的石芽群，它的形成条件是厚层、质纯、产状平缓、垂直节理稀疏和湿热的气候环境。

- **天坑和竖井**

主要是由于岩溶地面不断凹陷，形成漏斗状的圆形洼地或竖井状的洞，在我国的重庆和四川南部地区分布较为广泛，他形成于陡峭的坡地两侧和洼地、盆地底部，因为流水沿着岩石的裂隙侵蚀强烈，所以天坑或竖井深达几十米到几百米。

- **溶蚀洼地和溶蚀谷地**

溶蚀洼地是一种范围广，近似圆形的封闭性岩溶洼地，四周多低山和峰林，底部平坦，雨季易涝，旱季易干。面积一半数平方千米至十几平方千米。溶蚀谷地是溶蚀洼地进一步扩大或融合而形成的，它受构造影响比较大，面积更广，一般数十平方千米至数百平方千米，平面条状分布，长达数十千米，底部平坦，常有地表径流，例如广西都安有一溶蚀谷地宽 1 千米，长 10 千米。这种喀斯特地形在我国云贵高原分布广泛，当地人称之为“坝”。

- **干谷**

干谷是地表径流消失后岩溶区遗留下来的谷地，它的形成原因是河流的某一段河道水流沿着谷底的竖井或水洞流入地下，形成地下径流。这种地表径流转为地下径流的现象叫作伏流。还有一种形成原因即人类对河道进行裁弯取直的结果。这样的地貌类型在我国华北地区和东北地区比较常见。

- **峰林、峰丛、孤峰、天生桥**

“桂林山水甲天下，阳朔山水甲桂林”，我国广西风光独特，岩溶作用是形成这天然屏风的主要原因。峰丛是可溶性岩受到强烈溶蚀而形成的山峰集合体。峰林是由峰丛进一步演化而形成的。当然，在新构

造作用下，峰林会随着地壳的上升转化为峰丛。山峰表现为锥状、塔状、圆柱状等尖锐峰体，表面发育石芽、溶沟，山峰之间又常常有溶洞、竖井。峰丛地貌可以说是喀斯特地貌的博物馆。孤峰是岩溶区孤立的石灰岩山峰，它需要地壳长期稳定而无太大的地质运动。奇特美丽的桂林山水会把大自然对它的宠爱告诉你。天生桥是可溶性岩下部受流水溶蚀而形成的拱桥状地貌。

• 地表钙华堆积

这是一类典型的地表喀斯特地貌，主要有瀑布华、钙华堤坝和岩溶泉华。瀑布华指地表瀑布水流速度陡然增大，内力作用减小，水中的二氧化碳外逸，形成瀑布华。我国贵州著名的黄果树瀑布就属于这一种。钙华堤坝形成是溶解大量 $CaCO_3$ 的高山冰雪溶水和含大量 $CaCO_3$ 地下渗透的岩溶水在地下径流一段距离后，以泉的形式排出地表。随着水温增高和水流速度增大以及大量藻类植物的作用，形成了大量钙华沉积。钙华中含许多杂质和多种不同元素，并且有水生植物的影响，使得钙华呈现出多种色彩。这种地貌在我国四川黄龙寺一带分布较广，黄龙寺旅游业的发展可以说与这种独特的喀斯特地貌景观紧密相连。岩溶泉华是溶有大量 $CaCO_3$ 的泉水涌出地表，由于温度升高和压力减小，使得 $CaCO_3$ 在泉口形成钙华沉积，长时间的积累使泉华形成不同的形状，这也是大自然赐予人类的一幅美景。这种喀斯特地貌在我国云南较为常见。

地表钙华堆积

- 地下喀斯特

- 溶洞

溶洞是地下水沿可溶性岩的裂隙溶蚀扩张而形成的地下洞穴，规模大小不一，大的可以容纳千人以上；形态千奇百怪，溶洞中有许多奇特景观，如石笋、石柱、

石钟乳、石幔等。小的连一个人都难以通过。溶洞是水的溶蚀作用、流水侵蚀以及重力作用的长期结果。溶洞景观在我国的湖南、四川、贵州、云南、广西等省区分布较为广泛。

• 溶蚀地貌——石锅和边槽

如果一个溶洞顶部的某一局部地点受到较为强烈的紊流作用，随着水压增大，溶蚀能力增强，这些地方的溶蚀量比周围大，从而形成向顶侧凹入的弧形面，这样的地貌称为石锅。边槽是指溶洞的边壁在水的溶蚀作用下形成向洞测凹陷的槽状地貌。这两种溶蚀地貌在溶洞中很常见。

• 堆积地貌

堆积地貌是溶洞景观中的精华部分，在我国西南地区的溶洞中你尽可以欣赏那神奇的洞天世界。重力水的堆积是溶洞堆积地貌的主要形成方式，溶解了大量可溶

性岩的水滴断续的从溶洞顶部落下并不断积累，从而形成绚丽多彩的石钟乳、石笋、石柱、石幔、边石堤等。石钟乳是一种呈倒锥状的岩溶堆积物，大的可达数米，小的只有几厘米，主要是岩溶水沿着溶洞顶部细小的裂隙渗出并在滴水处不断沉淀产生的。它紧紧地与洞顶相连，不断向洞底延伸。

石笋是由洞底向上伸展的岩溶堆积物，主要是岩溶水滴滴落到洞底并不断沉积的产物，它与石钟乳相对生长，一般呈笋状、塔状和锥状。石钟乳和石笋的横剖面都具有同心圆结构。

石钟乳和石笋相对生长，并逐渐结合成一体，随着岩溶水的不断沉积，慢慢形成粗壮的石柱。

石幔是岩溶水沿着洞壁呈薄膜状的漫流过程中 $CaCO_3$ 逐渐沉积的产物，一般呈片状、层状，并且有弯曲的流纹，高者达数十米，非常壮观。边石堤是指溶洞底部两侧堤状堆积物，高度一般几厘米到几十厘米，呈弧形阶梯状。另外，在溶洞中还有许多奇特的景观，有的似莲花开放，有的如树枝伸展，还有一些石葡萄、石珊瑚等。

石幔

地带性特征 〉

中国东部喀斯特地貌呈纬度地带性分布，自南而北为热带喀斯特、亚热带喀斯特和温带喀斯特。中国西部由于受水分的限制或地形的影响，属于旱地区喀斯特（西北地区）和寒冻高原喀斯特（青藏高原）。

热带喀斯特以峰林—洼地为代表，分布于桂、粤西、滇东和黔南等地。地下洞穴众多，以溶蚀性拱形洞穴为主。地下河的支流较多，流域面积大，故称地下水系，平均流域面积为160平方千米，最大的地苏地下河流域面积达1000平方千米。地表发育了众多洼地，峰丛区域平均每平方千米达2.5个，洼地间距为100—300米，正地形被分割破碎，呈现峰林—洼地地貌。峰林的坡度很陡，一般大于45度。峰林又可分为孤峰、疏峰和峰丛等类型，奇峰异洞是热带喀斯特的典型特征。中国热带海洋的珊湖礁是最年轻的碳酸盐岩，大多形成于晚更新世和全新世。高出海面仅几米至十余米，发育了大的洞穴和天生桥、滨岸溶蚀崖及溶沟、石芽等，构成礁岛的珊瑚礁多溶孔景观。

亚热带喀斯特以缓丘—洼地为代表，分布于秦岭淮河一线以南。地下河较

热带多而短小，平均流域面积小于60平方千米。洼地较少，每平方千米仅为1个左右，且从南向北减少，相反，干谷的比例却迅速增加。正地形不很典型，主要为馒头状丘陵，其坡度一般为25度左右，洞穴数量较热带大为减少，以溶蚀裂隙性洞穴居多，溶蚀型拱状洞穴在亚热带喀斯特的南部较多。

温带喀斯特以喀斯特化山地干谷为代表，地下洞穴虽有发育，一般都为裂隙性洞穴，其规模较小。喀斯特泉较为突出，一般都有较大的汇水面积和较大的流量，例如趵突泉和娘子关泉等。这一带中洼地极少，干谷众多。正地形与普通山地类同，唯山顶有残存的古亚热带发育的缓丘—洼地和缓丘—干谷等地貌。强烈下切的河流形成峡谷，局部地区，如拒马河两岸有类峰林地貌。

干旱地区喀斯特现象发育微弱，仅在少数石灰岩裂隙中有轻微的溶蚀痕迹，有些裂隙被方解石充填，地下溶洞极少，已不能构成渗漏和地基不稳。

寒冻高原喀斯特，青藏高原喀斯特处于冰缘作用下，冻融风化强烈，喀斯特地貌颇具特色，常见的有冻融石丘、石墙

等，其下部覆盖冰缘作用形成的岩屑坡。山坡上发育有很浅的岩洞，还可见到一些穿洞。另外，偶见洼地。

开发利用 〉

喀斯特地区地表异常缺水和多洪灾，对农业生产影响很大。但地下水蕴藏丰富，径流系数在热带喀斯特区域为50%—80%。亚热带喀斯特区域为30%—40%，温带为10%—20%。在华北一些石灰岩分布地区，地下水在山前以泉的方式流出，如北京玉泉山的泉水、河南辉县的百泉、山西太原的晋祠泉、济南的趵突泉等。合理开发利用喀斯特泉，对工农业的发展有重要意义。在南方多地下河，引喀斯特泉堵地下河、钻井提水等方法可解决工农业用水。地下河纵剖面呈阶梯状，有丰富的水能资源，可以筑坝发电。如云南丘北六郎洞水电站，是中国第一座利用地下河的水电站。湘、黔也利用这种优越条件建造了多座400千瓦以上的地下水电站。喀斯特地区的地下洞穴，常造成水库渗漏，对坝体、交通线和厂矿建筑等构成不稳定的因素。研究和探测地下洞穴的分布，及时采取措施，是喀斯

济南的趵突泉

大理石

特地区建设成功的关键。喀斯特地区有丰富的矿床，例如石灰岩、白云岩、大理石、石膏和岩盐等。在喀斯特剥蚀面上和洼地中沉积有铝土矿，古溶洞和裂罅中沉积有铅、锌、硫化物、汞等砂矿体，地下溶洞也是富集石油和天然气的良好场所，华北地区的一些油田就是位于喀斯特区域。有些溶洞可作地下厂址和地下仓库。

中国著名景点 〉

中国喀斯特发育的多轮回和地带性特点，形成了各具特色的、千姿百态的喀斯特地貌景观和巧夺天工的洞穴奇景，是中国重要的旅游资源。桂林山水、路南石林、四川九寨沟、贵州黄果树、济南趵突泉和北京附近的拒马河等都已成为闻名于世的游览胜地。云南石林以“雄、奇、险、秀、幽、奥、旷”著称，被称为“世界喀斯特的精华”；贵州荔波是布依族、水族、苗族和瑶族等少数民族聚集处，曾入选“中国最美十大森林”。“中国南方喀斯特”在地质地貌、生物生态、美学、民族文化等方面的世界价值（突出普遍价值）长期以来得到了国内外的广

泛重视和认同。“中国南方喀斯特”申报自然遗产得到了中国政府和世界自然资源保护联盟的支持。

• 广东

有7座石灰岩山峰形如北斗七星，山前星湖潋滟，山多洞穴，洞中多有暗河、各种奇特的溶洞堆积地貌。

• 广西

桂林山水和阳朔风光主要是以石芽、石林、峰林、天生桥等地表喀斯特景观著称于世，并且是山中有洞，“无洞不奇”。以岩洞地貌为主的芦迪岩洞景观，景观内有各种奇态异状的溶洞堆积地貌，形成了“碧莲玉笋”的洞天奇观；七星岩石钟乳构成的地下画廊，真是玲琅满目；武鸣伊岭岩、北流沟漏洞、柳州都乐岩、兴平莲花岩、兴安乳洞、永福百寿岩、宜山白龙洞、凌云水源洞、龙州紫霞洞等也都是著名的溶洞景观区。

• 云南

云南路南石林风景区：地表峰林奇布，主要为高大巨型石芽群景观，大部分灰岩山峰分布在河谷两侧，各种形态的石峰似人似物，形态逼真、栩栩如生。全国35

片石林中，云南省有路南大、小石林、乃古石林、和莫村石林、石板哨石林、天生桥等20片石林，足见云南省石林分布面积之广；溶洞景观有：玉溪溶洞、建水燕子洞、九乡溶洞等。

• 贵州

贵州省有兴义尼函石林、修文石林等石林区；中国最大瀑布黄果树瀑布岩壁为瀑布华地貌；本地溶洞地貌较多，主要有黄果树瀑布附近龙宫洞、贵阳地下公园，镇宁犀牛洞、镇远的青龙洞、龙山的仙人洞、贵州的织金洞、黔灵山麒麟洞。

• 四川

九寨沟钙华滩流属于水下地表堆积地貌，如珍珠滩瀑布；黄龙风景区钙化池、钙化坡、钙化穴等组成世界上最大而且最美的岩溶景观；石柱县新石拱桥为喀斯特天生桥地貌。

• 湖南

武陵源黄龙洞、冷水江波月洞、都是奇特洞溶洞景观，各种堆积地貌罗列其中，如神仙府洞，奥妙无穷。

江西

鄱阳湖口石钟山景区绝壁临江洞穴遍布；彭泽龙宫洞长 2000 米，洞内可泛舟观景，堪称“地下艺术宫殿”。

浙江

瑶琳仙境位于桐庐县，是浙江省规模恢弘、景观壮丽的岩溶洞穴旅游胜地，也是浙江至今发现的最大洞穴；洞长 1000 米，共有 6 个洞天，以“雄、奇、丽、深”闻名于世。

江苏

宜兴石灰岩溶洞有“洞天世界”的美称，善卷洞、张公洞、灵谷洞又称“三奇”，洞壑深邃，多奇石异柱，泛舟其中如入海底龙宫。

吉林

通化鸭园溶洞，有 4 个大厅，洞内满布石柱、石笋、石钟乳、石瀑、石帘、石莲花、石幔等堆积景观，并且深处有溶岩潭，深不可测，无法前往。

鄱阳湖口石钟山

世界著名喀斯特地貌区越南下龙湾 〉

这个海湾中密集地分布着1969座石灰岩岛屿，矗立在海中，蔚为壮观。每个岛屿都覆盖着浓密的丛林植被。其中一些岛屿拥有巨大的洞穴。木桩洞是下龙湾区域最大的洞穴。它的3个大型空间包括了无数的钟乳石和石笋。这里有2个较大的岛屿，Tuan Chau和 Cat Ba，上面有永久居民。岛上拥有旅游设施，包括旅馆和海滩。在这些小岛上拥有无数的令人惊奇的海滩。其中一些岛屿上有流动的渔村，渔民在这浅水区辛勤工作，捕捉200种鱼类和450种软体动物。许多岛屿的得名是由于对它们特别形状的解释，例如大象、好斗的公鸡、屋顶，其中有989个已经命名。这些岛屿上还生活着矮脚鸡、羚羊、猴子和鬣蜥等动物。

当地传说称很久以前，越南抵抗中国入侵，神派遣一个龙的家族来帮助守卫该地。龙的家族突然袭击今天的下龙湾（下龙湾因而得名），开始吐出宝石和翡翠。这些珠宝变成了这些散布在海湾中的小岛，互相连接组成一道抵抗侵略者的屏障。人们保卫了这片土地的自由，后来组成了越南国家。在历史上，在下龙湾多次发生越南反抗强邻的海战。先后在3场战争中，越南军队利用这些小岛之间迷宫般的水道，阻止敌人登陆。越南战争期间，许多岛屿之间的航道被美国海军大量布雷，有些地方至今还威胁航行。

伯利兹大蓝洞 >

位于大巴哈马浅滩海底高原的伯利兹大蓝洞外观呈圆形，直径约304米，深约122米。大蓝洞为一石灰岩洞，形成于海平

面较低的冰河时期，后来因为海水上升，洞顶随之塌陷，遂变成水下洞穴。现今的大蓝洞是一个名闻遐迩的潜水胜地，世界著名的水肺潜水专家雅各·伊夫·库斯托将大蓝洞评为世界十大潜水宝地之一，并于1971年进行探勘测绘。

“大蓝洞”是灯塔礁的一部分，位于伯利兹城陆地大约100千米之遥，这是一个较大的完美环状海洋深洞，是当今世界最吸引人的潜水地点之一。由于深洞很深，因此呈现出深蓝色的景象，这一结构在世界上被称为“蓝洞”。

• 形成原因

它是在冰河时代末期形成的一个石灰石坑洞。伯利兹蓝洞位于大巴哈马浅滩的海底高原边缘的灯塔暗礁，完美的圆形洞口四周由两条珊瑚暗礁环抱着。关于它的成因，科学家们经过无数实地勘察及分析，如今早已大白于天下。巴哈马群岛属石灰质平台，成形于 1.3 亿年前。在 200 万年前的冰河时代，寒冷的气候将水冻结在地球的冰冠和冰川中，导致海平面大幅下降。因为淡水和海水的交相侵蚀，这一片石灰质地带形成了许多岩溶空洞。蓝洞所在位置也曾是一个巨大岩洞，多孔疏松的石灰质穹顶因重力及地震等原因而很巧合地坍塌出一个近乎完美的圆形开口，成为敞开的竖井。当冰雪消融、海平面升高后，海水便倒灌入竖井，形成海中嵌湖的奇特蓝洞现象。

- 潜水胜地

蓝洞的深度及洞内的钟乳石群显然不适合一般潜水者探访，而且这里的鲨鱼品种繁多，虽说名声友好，但身处神秘森幽的海下洞穴，又有神出鬼没的鲨鱼环伺在侧，恐怕没谁能感觉安全吧。但也正因如此，才犹如充满魔力的磁场一般，强烈地吸引着全世界勇敢的潜水爱好者们前来亲身体验一探究竟，使其成为全球最负盛名的潜水胜地之一，颇有“平生不潜此蓝洞，即称高手也枉然”之意。

世界溶洞之最

世界上最怪异的七大洞穴 〉

• 墨西哥水晶洞

墨西哥奇瓦瓦的奈卡矿又被为“水晶教堂”，主要入口处为库埃瓦德洛斯塔约斯的热带雨林底部的干旱河谷。水晶洞拥有着世界上最大的自然水晶体——长36英尺的半透明石膏柱。这个洞穴位于地下950英尺处，蕴藏着大量的铅、锌、铜、银和金，蜿蜒在地下长达0.5英里。在奈卡矿更深处水晶洞里，石灰石岩空穴中呈现一个马蹄印形状，宽30英尺，长90英尺。2600万年前，奈卡山脉出现火山活跃，充满了高温硬石膏灰。当山脉之下的岩浆冷却，以及温度下降，硬石膏便开始溶解。硬石膏缓慢地将水和硫酸盐、钙分子浓缩，数百万年以来沉积在这个洞穴里，进而形成了巨大透明石膏水晶体。

• 阿曼洞穴

这是世界上第二大洞穴，位于苏丹苏尔塔娜特地区1600米海拔的塞尔玛高地，这个洞穴是于1983年被研究水资源的地质学家唐·戴维森发现的，他通过一条绳索抵达洞穴底部，洞穴内部高度为120——150米，洞穴底部长300米、宽200米，相比之下，吉萨金字塔可以完全放置在这个洞穴中。

• 怀托摩萤火虫洞

怀托摩萤火虫洞位于新西兰北岛的一个洞穴中，该洞以其萤火虫数量而闻名于世，萤火虫盘旋在洞穴顶部垂下的丝团上，然后这些萤火虫发出光吸引猎物粘到丝团。因此，洞穴顶部覆盖着大量的萤火虫

艾斯瑞塞威尔特冰洞

使得洞穴看起来像是一个夜晚的天堂。而饥饿的萤火虫所发出的光要比所吞食的虫子发出的光线更明亮。

比洞穴顶部更低的数百个硅质石串遍布洞穴之中，外表看上去非常美丽的丝团却有更阴险的用途，萤火虫可以通过丝团线诱捕洞穴发光虫。它所发出的怪异蓝光是尾部特殊囊结构发生的化学反应，许多昆虫都无法抵抗地朝向它们飞去，最终落入陷阱之中。一旦这些昆虫被粘住就无法逃脱。通过诱捕在洞穴里孵化的虫子，萤火虫能够解决规律且可靠的食物来源。

• 艾斯瑞塞威尔特冰洞

在世界上存在着许多的冰洞，但是奥地利的艾斯瑞塞威尔特冰洞对游客而言是最大的冰洞。它位于奥地利萨尔茨保市Tennengebirge山脉，冰洞延伸长达40千米。虽然目前对游客开放的仅有像迷宫般的冰洞的一部分，但这足以让具有挑战性的游客体验超越极限的乐趣。冰洞与正常的洞穴存在很大差异，人们进入之后会产生很奇特的感觉，就好像它并非来自地球。

• 委内瑞拉的“魔鬼洞”

“魔鬼洞”洞穴宽度可使两架直升飞机顺利地飞行，然后穿越一片瀑布。这处瀑布像一面墙一样，从洞穴顶部落入洞穴底部的一个池塘。近期，研究人员还在该

洞穴中发现了新的青蛙物种。

- 美国奇异洞穴深渊

奇异深渊深 586 米，是目前美洲大陆最深的洞穴，这个洞穴足以装下华盛顿纪念碑（高 555 米），一般探险者是通过绳索从洞口降落至洞底，据称，从洞口掷一块石头抵达洞底需要 8 秒时间。

- 中国东中洞穴

并不是所有的洞穴都景致奇特，在中国西南部贵州的东中洞穴，却容纳着一所小学，洞穴里每天有数十名学生在这里上课学习。这所学校建立在像飞机修理库大小的天然洞穴中，该洞穴是由于数千年来

世界著名地下溶洞 >

- 美国欧若恩多加洞穴

美国密苏里州的欧若恩多加洞穴具有奇怪的钟乳石，摄影师形象地将它们描述为“利莱垫”和“结肠”，酷似世外仙景。

- 桂林的芦笛洞穴

芦笛洞穴位于桂林市西北郊的光明山上，是桂林山水的一颗璀璨明珠。洞内有大量奇幻多姿、玲珑剔透的石笋、石乳，总长达 240 米。从唐朝开始，洞内就有游客踪迹，洞内存有历代壁画 70 多幅。

• 越南蚀洞

蚀洞由冰或水雕刻而成或由熔岩流诞生而来。这些来源让它们具备奇特的地质特征，使其更加酷似外星地形，而不是我们平常直接感受到的东西。

• 苏格兰的芬格洞穴

苏格兰无人的斯塔法岛上的芬格洞穴特别有趣，虽然它现在是海蚀洞穴，但其历史是火山造就的天然洞穴，具有类似玄武岩地质与地貌的特征。在芬格洞穴附近的一些整齐对称的高耸的玄武岩圆柱形成了苏格兰斯塔法岛的岛基。

• 伊朗的阿里·萨德尔岩洞

阿里·萨德尔岩洞可能是伊朗唯一的一座拥有水源的岩洞。无数网状的洞穴中均有清澈的流水，在历史上，这里及附近的另两个洞穴一起成为萨法维王朝部队最安全的庇护所。洞穴的宽度介于1.5米至60米之间，有些地方有11多千米深。

• 婆罗洲的鹿洞

婆罗洲的鹿洞拥有着世界上最长的洞穴通道，洞高120米，宽120米，可容纳5个英国圣保罗大教堂。鹿洞居住着12种不同种类的蝙蝠，总数高达百万只，洞内的蝙蝠粪堆积如山。每天5时45分蝙蝠们会成群结队地飞出山洞，形成著名的“蝙蝠龙”，一时间千变万化，蔚为壮观。蝙蝠出洞情形十分悲壮，每天第一批出洞者牺牲者甚多，因为盘旋在洞口饥饿的老鹰等待吞食蝙蝠，当老鹰吃饱离去后，成千上万的蝙蝠才能安全出洞。

• 美国的休顿·格罗托洞穴

美国田纳西州休顿·格罗托洞穴具有一个特别漂亮的洞室，里面有一个特别显眼的瀑布。此洞室大约有9米高，顶上有一个小天窗入口，为此瀑布带来了少量光照。

- ### 摩洛哥洞穴

摩洛哥洞穴是北非最大的洞穴之一，有相当庞大的洞穴网络。特别的是，一线阳光从洞口射入，照在正在观洞的两个小人身上。它具有特别奇特的洞室，怪不得人们愿意生活在这里长达数百年之久。

- ### 斯科契扬溶洞

斯洛文尼亚的斯科契扬溶洞是喀斯特高原上的一大奇景，世界最大、最长的溶洞之一，漂亮又可怕。斯科契扬溶洞内富有高悬的钟乳和挺拔的石笋，有的像巨大的宝石花，冰晶玉洁；有的似圣诞老人，笑容可掬，或似雄狮下山，或如飞鸟展翅，五光十色而又千姿百态。这个特殊的石灰石溶洞系统包括坍塌的落水洞，一条坠落150多米的冰冷河流从洞底流过，大约有5千米的地下通道，溶洞有200多米深，还有很多的瀑布。这里是世界上著名的研究喀斯特（石灰石）现象的地点之一。

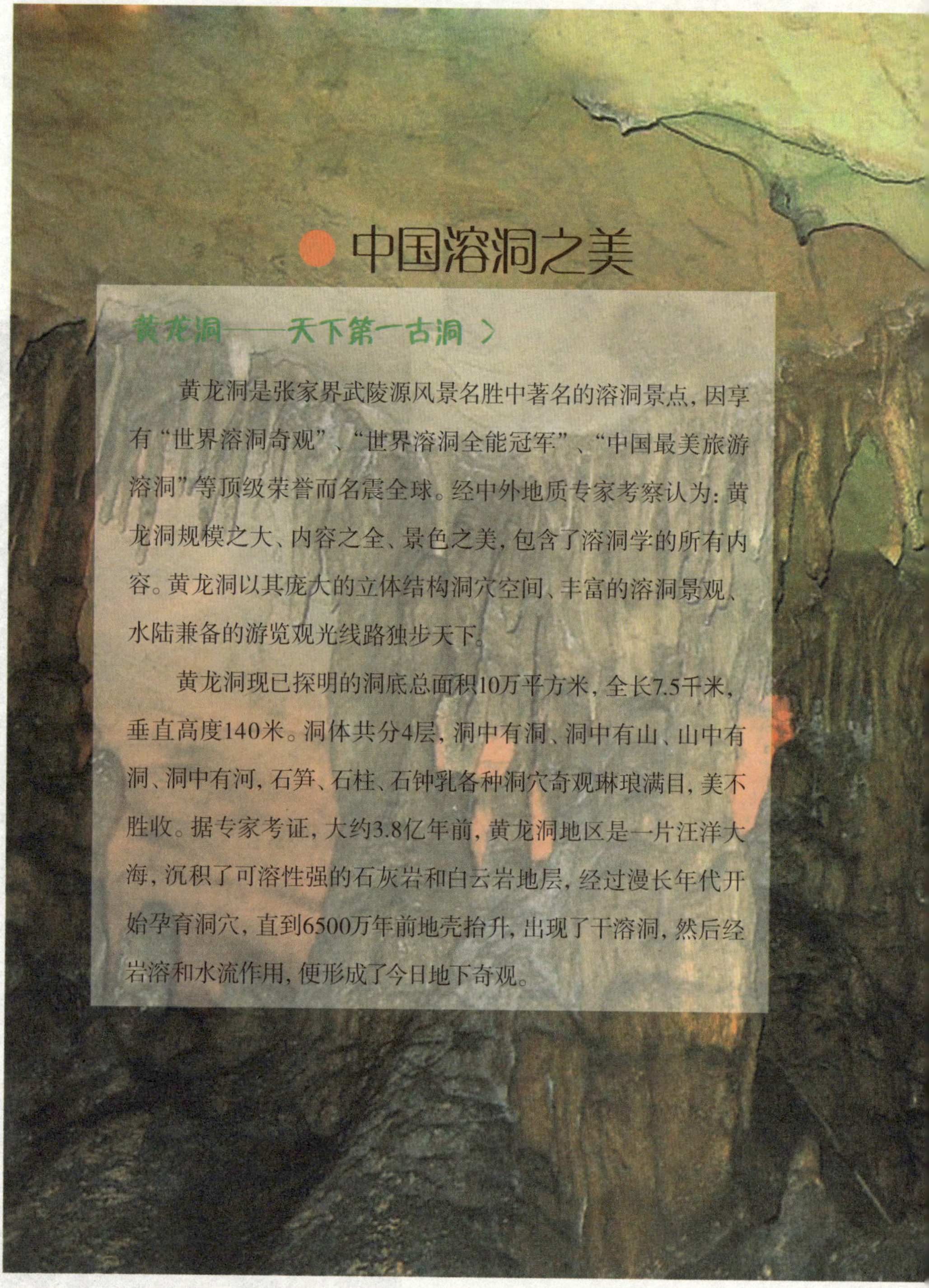

中国溶洞之美

黄龙洞——天下第一古洞

黄龙洞是张家界武陵源风景名胜中著名的溶洞景点，因享有“世界溶洞奇观”、“世界溶洞全能冠军”、“中国最美旅游溶洞”等顶级荣誉而名震全球。经中外地质专家考察认为：黄龙洞规模之大、内容之全、景色之美，包含了溶洞学的所有内容。黄龙洞以其庞大的立体结构洞穴空间、丰富的溶洞景观、水陆兼备的游览观光线路独步天下。

黄龙洞现已探明的洞底总面积10万平方米，全长7.5千米，垂直高度140米。洞体共分4层，洞中有洞、洞中有山、山中有洞、洞中有河，石笋、石柱、石钟乳各种洞穴奇观琳琅满目，美不胜收。据专家考证，大约3.8亿年前，黄龙洞地区是一片汪洋大海，沉积了可溶性强的石灰岩和白云岩地层，经过漫长年代开始孕育洞穴，直到6500万年前地壳抬升，出现了干溶洞，然后经岩溶和水流作用，便形成了今日地下奇观。

黄龙洞有1库、2河、3潭、4瀑、13大厅、98廊，以及几十座山峰，上千个白玉池和近万根石笋。由石灰质溶液凝结而成的石钟乳、石笋、石柱、石花、石幔、石枝、石管、石珍珠、石珊瑚等遍布其中，无所不奇，无奇不有，仿佛一座神奇的地下“魔宫”。黄龙洞现已开放有龙舞厅、响水河、天仙瀑、天柱街、龙宫等6大游览区，主要景观有定海神针、万年雪松、龙王宝座、火箭升空、花果山、天仙瀑布、海螺吹天、双门迎宾、沧海桑田、黄土高坡等100多个。

景区特色：“赏天下奇观，解千古之谜”大溶洞洞体岩石奇特，距今已有15亿年，因此号称“天下第一古洞”。溶洞洞壁有的似片片浮云，有的如座座莲花，有的状如簇簇巨蘑，还有的似西风卷帘。与其相连的休闲洞，游人可在这里饮酒、品茶、避暑，一洞两地游，两种不同的风格，两种不同的感受。

重庆奉节天坑地缝——全球最大的喀斯特漏斗 >

天坑，是人们对地理学上喀斯特地质中漏斗的俗称。

天坑底风景区位于重庆奉节县城兴隆镇，属于七曜山山脉与巫山山脉的一部分，距奉节县成50千米，面积500多平方千米，是一个以山岳喀斯特地貌为特征的独具特色的峡谷自然景观，集雄、奇、险、秀于一体，由桃源河、九盘河，迷宫河、天坑、地缝景区等，共由70多个大小景点构成。

1996年，奉节天坑地缝风景区，被重庆市人民政府命名为“省级风景名胜区”，1999年，被列入联合国“世界自然遗产预备清单”，2004年，国务院正式批准天坑底风景区为“国家重点风景名胜区”。

从1994年以来，中国、英国、法国、爱尔兰4国的探险家多次来奉节探险，发现了庞大的地下洞穴系统。迄今为止，他们只发现了世界上最大的漏斗小寨天坑，世界上最长和最狭窄的天井峡地缝，以及尚未完全弄清楚的地下暗河——龙桥河。至于天坑地缝究竟有多少洞穴，现在尚不清楚，这里还会不会有惊人的世界级重大景观，现在也还是个谜。

奉节小寨天坑位于奉节县兴隆镇小寨村，是全球最大的喀斯特漏斗。小寨天坑的坑壁陡峭，丰水期壁上有悬泉飞泻，坑底有地下河通过。天坑呈双层结构，上部为椭圆形大坑，直径537米—626米，深320米；下部略呈矩形，深342米，坑径南北357米，东西268米，总深度662米，总容积110立方米。在深度和容积上均为世界同类型大型喀斯特漏斗中的第一位。

那么，小寨天坑是怎么得名的呢？一种说法是，因过去山民为了躲避土匪的骚扰，便带着干粮，扶老带幼地到天坑躲避，山民们切断陡壁间的小路后，天坑就成了躲避的天然坑寨，小寨由此得名；另一说法是天坑边缘原有一座石砌的古寨堡，相对其他地方的寨堡要小一些，因而得名。

小寨天坑的底部有一条巨大的暗河，暗河的水来自一条被当地人称为“地缝”的神秘峡谷。据考察，地缝全长达37千米，最窄的地方只有2米，而峡谷的高度达900米，形成气势恢弘的“一线天”。从上面俯看，在群山之中，茂密的原始森林底下，隐隐约约可以看见一条云雾缭绕的缝隙，那就是深达数百米的神秘地缝，被岩溶地质专家称作“世界喀斯特峡谷奇中之稀”。地缝两壁直立陡峭，如刀削斧劈，最窄处只容一人侧身而过，只有过了中午12点，太阳光才射入谷底，是名副其实的地缝。离小寨天坑不远，还有一处与三峡夔门几乎一模一样的峡谷，当地人称为“旱夔门”。从旱夔门往里，地势险峻，无法进入，至今仍未探明。天坑地缝不仅是构成地球第四纪演化史的重要例证，更是探寻长江三峡成因的“活化石”。

广东肇庆七星岩 >

有7座石灰岩山峰形如北斗七星，山前星湖潋滟，山多洞穴，洞中多有暗河、各种奇特的溶洞堆积地貌。

广东肇庆七星岩位于肇庆市北约4千米处，其风景自古就以“峰险、石异、洞奇、庙古”而著称。景区主要包括了星湖和七座山峰。七星岩原是由西江古河道形成的沥湖，主体由阆风岩、玉屏岩、石室岩、天柱岩、蟾蜍岩、仙掌岩、阿波岩七座石灰岩山峰组成，排列如北斗七星般撒落在碧波如镜的近600公顷湖面上，20多公里长的林荫湖堤，如绿色带飘般把仙女湖、中心湖、波海湖、青莲湖和里湖连结在一起，湖光山色，绰约多姿。国家体委在该湖建有划船基地。

广东肇庆七星岩景区还有广东罕见的庞大石刻群，保存着唐代以来的石刻489题（七星岩摩崖石刻），具有重要艺术价值和科研价值。位于七星岩东面的仙女湖风景优美，每当太阳西下的时候可以观赏到卧佛吞日的自然奇观；七星岩与仙女湖之间的湖面上建有东方禅林，在这里游客可以领略到禅趣。七星岩在1982年成为国务院公布的第一批国家重点风景名胜区。

云南石林 〉

天造奇观的云南石林，位于云南省昆明市石林彝族自治县境内，海拔1500m—1900m之间，属亚热带低纬度高原山地季风气候，年平均温度约16度，距省会昆明78公里，“冬无严寒、夏无酷暑、四季如春”，是世界唯一位于亚热带高原地区的喀斯特地貌风景区，素有“天下第一奇观”“石林博物馆”的美誉，是首批中国国家重点风景名胜区、中国国家地质公园、世界地质公园，与北京故宫、西安兵马俑、桂林山水齐名，成为中国四大旅游胜地之一。

辽宁本溪水洞

辽宁本溪水洞属于大型充水溶洞。水洞全长5800米，现已开发2800米，面积3.6万平方米，空间40余万立方米，最开阔处高38米、宽70米，本溪水洞是目前发现的世界第一长的地下充水溶洞。河道曲折婉蜒，河水清澈见底，洞内分“三峡”、“七宫”、“九弯”，故名“九曲银河”。洞内钟乳石、石笋与石柱多从裂隙攒拥而出，不假雕饰即形成各种物象。

大连冰峪沟属石英岩结构，是黄河以北罕见的保存完整的喀斯特地貌。经地质专家的多次考察，这里的地质是第四纪冰川期形成的，并在这里发现了多种冰川遗迹。植被丰富，森林覆盖率达90%以上。

桂林芦笛岩 >

桂林芦笛岩是一个囊状的岩洞，进口与出口相邻，进洞处为原来的天然洞口，出洞处是开凿的人工洞口。洞深240米，游程约500米。岩洞是70余万年前，地下水沿着岩石的破碎带流动溶蚀而形成的。洞中大量的石钟乳、石笋、石柱、石幔、石花，是在岩洞形成以后，含有碳酸盐类的地下水，顺着岩石裂隙流出，水分蒸发，碳酸盐类沉淀结晶，逐渐堆积而成，千态万状态，琳琅满目。芦笛岩的景观，不仅精致美观，而且珠联璧合。满洞的石钟乳、石笋、石柱等等，好似象牙雕刻，仿佛黄杨木雕，美观异常，被誉为“大自然艺术之宫”。这些地方既可以进行旅游观光又可以进行科研考察，是旅游观光的明珠，是科学研究的宝库。

白车溶洞 >

云南镇雄县的鸡鸣三省白车溶洞，宛若扣碗，上悬溶锤，极为美丽。白车溶洞位于鸡鸣三省云南白车，老鹰洞斜对面，渭河上半千米。隔坡头大约12千米，县城100千米，下车后需步行20分钟左

右。沿白车小路向下，到名为“小梯子”处往右走，路十分艰难，需要翻越很高的石梯子。岩脚不远处即为“白车溶洞”。此洞有双重洞口，门口洞口可以清晰看到鸡鸣三省交界处的景象，洞口上的岩壁上有一小缝，即为白车溶洞的二重洞口。洞里十分狭窄，非身材瘦小者不能入里。里面路途黑暗无光，无光源不能进入。洞里路途崎岖，处处碰壁。非爬而不能进入，有一关卡很小，为一个坎，爬上坎脚先入。蠕动一两分钟，方能到达美丽迷人的溶洞大厅。厅里温度比外面稍高，冬天也可让人出汗。洞里金碧辉煌，恍如置身于人间天堂。

北京上房山云水洞 >

云水洞洞口有赵朴初先生亲笔所题写的“云水洞”三个大字。走进洞来，便见洞内石钟乳、石笋目不暇接。云水洞洞深600多米，自然形成6个大厅。第一大厅高50多米，宽30米、厅内景物有卧虎岩、黑龙潭、二龙把门、半悬山、起火洞等景致。第二大厅有南佛、盐山、枣儿栗子山、狮子望莲、石人、二龙戏珠、攀天大

白车溶洞

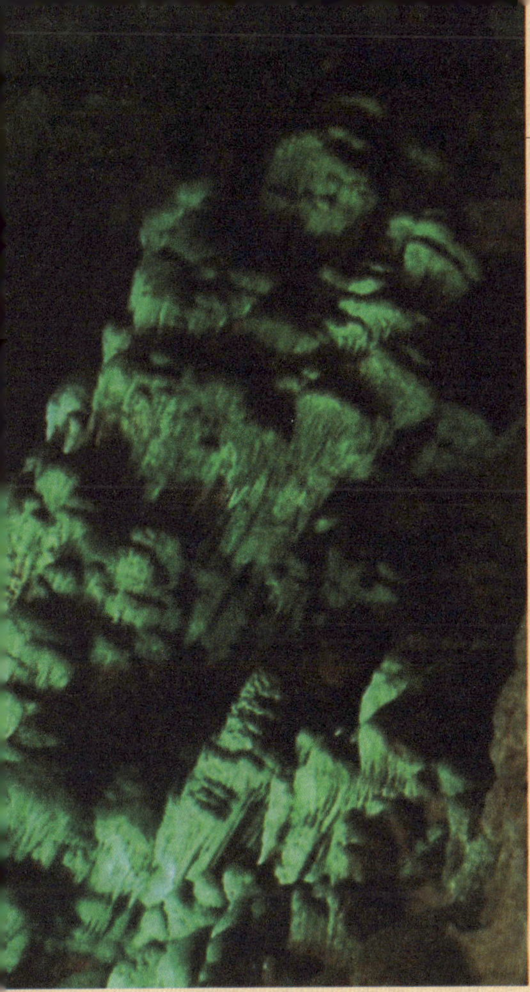

中国地质学会洞穴研究

中国地质学会洞穴研究会成立于1991年，现有团体及个人会员1000余人，在广州、重庆、贵阳、柳州等地都有本会的团体会员。该会成立以来，在普及洞穴科学知识、组织中外探险力量对中国洞穴资源的调查，开展学术活动和国内外交流，以及在保护洞穴资源等方面均作出了积极的努力和显著的成绩。特别在推动中国岩溶与洞穴旅游事业的发展方面更是成绩卓著。自1993年以来，在重庆、广西、湖南、湖北、海南、贵州、辽宁、山东等省(区)完成洞穴旅游开发的前期科学论证、规划设计、灯光施工等数十项。在开发部门有着广泛的信誉与威望。本会还从旅游资源的发现与评价，开发项目的科学调查论证与规划设计等工作上，系统而全面地启动了重庆的武隆县和广西的乐业县旅游业的发展，所取得巨大经济效益，在当地广大群众中有口皆碑。

柱、卧佛等景致。厅内的攀天大柱最引人注目，这是一个高37米的石笋，比桂林的七星岩中最高的石笋还高出10米，不仅是我国石笋中的魁首，在世界上也是屈指可数的。第三厅、四厅、五厅、六厅的景致也十分赏心悦目，那色彩斑斓光怪陆离的自然景色千姿百态，实为稀奇。“十八罗汉堂”，一群石罗汉前呼后拥，错落有致，形态各异，俨然是一座庄严肃穆的道场，让人不可思议。

冰洞探奇

夏季，冰川经常处于消融状态中。冰川的消融分为冰下消融、冰内消融和冰面消融三种。地壳经常不断向冰川底部输送热量，从而引起冰下消融。不过冰下消融对于巨大的冰川体来说，是微不足道的。当冰面融水沿着冰川裂缝流入冰川内部，就会产生冰内消融。冰内消融的结果，孕育出许多独特的冰川岩溶现象，如冰漏斗、冰井、冰隧道和冰洞等。

冰洞形成 〉

冰川上的融水，在流动过程中往往形成树枝状的小河网，时而曲折蜿流，时而潜人冰内。在一些融水多面积大的冰川上，冰内河流特别发育。当冰内河流从冰舌末端流出时，往往冲蚀成幽深的冰洞。洞口好像一个或低或高的古城拱门。从冰洞里流出来的水，因为带有悬浮的泥沙，像乳汁一样浊白，冰川学上叫冰川乳。当冰川断流的时候，走进冰洞，犹如进入一个水晶宫殿。有些冰川，通过冰洞里的隧道，一直可以走到冰川底部去。冰洞有单式的，有树枝状的，洞内有洞。洞中冰柱林立，冰钟乳悬连，洞壁的花纹十分美丽。有的冰洞出口高悬在冰崖上，形成十分壮观的冰水瀑布。从冰洞所处位置分析该地区在地质时期曾经是岩溶发育区，并且经历了温暖潮湿的气候作用，逐渐形成石灰岩溶洞；而且该地区曾经是山岳冰川发育区，在第四纪冰期及间冰期时，大量的积雪、冰川融水甚至破碎冰块堆积于洞中，经过复杂的物理变化，融化和重新凝结，再加上大气降水的不断渗入，在溶洞内形成各种形态冰物质的广泛分布现象——冰洞形成；以后的年代，由于当地比较特殊的地形、气候等自然地理环境因素，冰洞得以有效保存。山西宁武冰洞的形成是由岩溶作用和冰川作用以及环境因素共同作用的结果。奥地利的埃斯瑞森韦尔特冰洞是人们知道的世界上最大的冰洞。

反季节冰洞 〉

山西临汾乡宁县新开发的云邱山风景区，发现我国第一大奇观——反季节冰洞。位于乡宁、稷山、新绛三县交界处的云邱山奇峰兀立，山峦叠翠，最高海拔1600多米。距洞口三步开外还是炎炎夏日，三步之内却已是寒气袭人，洞口挂满冰凌，呈现了夏日里滴水成冰的奇景。这个地方可以说是中国最早的“天然冰箱”。据史料记载，隋朝末年唐王李世民在这地方屯过兵，不少地方还有当初屯兵的遗址。在他屯兵期间，他的部下、士兵在盛夏的时候就在这地方吃过冰块、冰棍。经国家地质科学院有关专家考察初步分析，洞中的冷空气是在水流过程中形成的。据推论，洞中应该有较深的地下河流，有较大的旅游开发价值。

反季节冰洞

神奇冰洞 >

一年四季，洞中永远保持在0℃左右，洞里洞外完全是两个不同的世界。闫鹏，毕业后就来到山西宁武县旅游局工作，他无意中听说附近有个神奇冰洞后，从小喜欢探险的他决定趁工作之余，寻找这个传说中的神奇洞穴。随着日子一天天过去，闫鹏爬遍了附近的许多山头，依旧没有任何的头绪。然而，正当他心灰意冷准备放弃的时候，一个意外出现了：一天，他和同伴来到了当地的管涔山中，当他们爬上一个山头后惊奇地发现：在山的阴面有一个洞口模样的地方，而接下来的事情让所有人都始料不及。闫鹏告诉记者：“走到洞口附近感觉凉飕飕的，感觉这个地方风比较大，而且背阴的崖壁上竟挂满了冰花，一切都与周围的环境大相径庭，一个一米见方深不见底的洞口更是冒出一丝丝的寒气。”这难道就是传说中的那个神奇冰洞吗？一年多的渴望，让闫鹏忘记了恐惧和危险，他决心对这个洞一探究竟。闫鹏说，他们顺着洞口下去，冰洞下边黑咕隆咚，脚底滑得根本没有登的地方，反正是靠上边绳子拽着，多少有点能附着在冰壁上。后来到了一个稍微开阔的地方，站稳脚后，拿着火把向四周一看，眼前豁然开朗。所有人都惊呆了，他们仿佛置身于一座晶莹的宫殿，四周都是冰的世界：冰柱、冰锥、冰瀑、冰笋、冰花，没有一个人想到，小小的洞口背后，竟然是这样一个美妙的世界。闫鹏完全被吸引住了，直到他的脚感觉被冻僵了，他才发现不知不觉已经进洞两个多小时了，温度计清楚地显示，洞中的温度为0℃左右，这与初夏时节的洞外，整整相差了20多摄氏度。在接下去的日子里，闫鹏分别在不同的季节下过冰洞，他发现洞中似乎永远保持在0℃左右，洞里洞外完全是两个不同的世界。闫鹏说，七八月份，洞外都是鲜花烂漫、绿树成荫，而洞内却是坚冰不化；冬天，洞外边比较冷，几乎达到-30℃，穿着大衣，到了洞内，由于没有风，反倒比洞外暖和了许多，有一种冬暖夏凉的感觉。宁武县有个暑天冰洞的消息一经传开就引起了不小的轰动，许多人纷纷猜测这种神奇现象的真正成因。

万年冰洞 >

万年冰洞在山西宁武县城西50千米处的春景畦乡境内，海拔2300米。经中科院地质研究所洞穴专家现场考察认定：此洞形成于新生代第四纪冰川期，距今约300万年，故名万年冰洞。专家们称，该冰洞位列全国1万多个洞穴中仅有的9个冰洞之首。洞内制冷机制最强、冰储量最多，现开发近百米。已开发部分分3层，有冰帘、冰钟、冰花、冰人、冰菩萨等，不一而足。洞内壁上皆冰，堪称一个冰的世界。距冰洞不远处，还有一处“火山”，做了邻居的“火山”与冰洞形成了一大自然奇观。有的资料介绍，“火山”距冰洞仅有200米，但当地工作人员称，两者尚有一定距离，需要翻越一个小山丘，而且没有公路可通。该“火山”并非科学意义上的“火山”，而是埋藏于地下的煤层因多种原因造成的历时千年的自燃现象，这在山西境内并不算罕见。在东寨镇前往天池的三岔路口的对面山上，即可看到这种自燃现象，遥见轻烟缭绕。山西省宁武县，千百年来流传着一个传说：在当地一座深山中，有一个挂满冰锥的冰洞。让人费解的是：在四季分明的山西省宁武县，为什么会存在这么一个千万年不化且冬

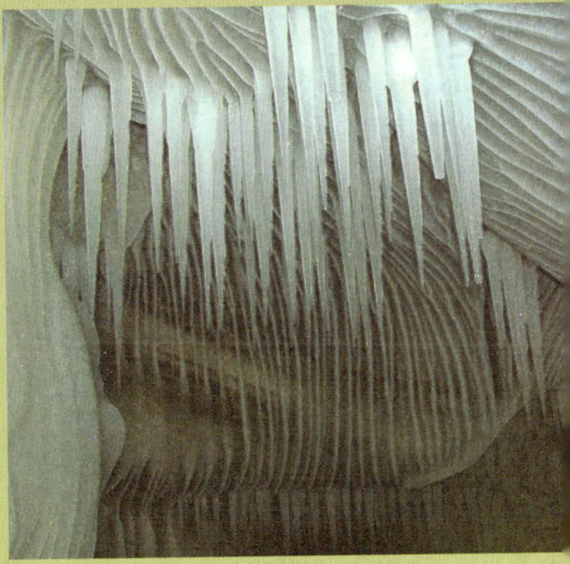

暖夏凉的神奇洞穴？如果冰洞真的存在，洞里又会是一番什么样的天地？山西宁武冰洞中的情形让所有人大开眼界，没想到世界上真有这样一个晶莹剔透的冰的世界。其实，只有一年365天都结冰的洞穴才能够被称为冰洞，那么，在世界上也只有像西伯利亚和南北极等地，少数纬度高而且是异常寒冷的地方才发现过冰洞，而且是数量少规模小。所以大家百思不得其解，这个冰洞所处的位置既不是异常寒冷的南北极，也不是终年积雪的雪山，而是在四季都很分明的山西省宁武县形成了这样一个长年不化的冰洞。那这个冰洞到底是如何形成的呢？

冰洞猜测 >

• 猜测一：冰洞的形成是特殊地质结构所致？

为此，中科院地质研究所的陈诗才专门从北京赶到宁武进行考察。然而当第一次进入冰洞后，即使见多识广的他也连连称奇。洞内冰的类型起码有十多种，比如冰柱、冰石笋、冰钟乳石、冰涡管、冰花、冰葡萄、冰的结晶片等。他发现，尽管冰的厚度不一，但是所有的冰都是附着在石灰岩上的，整个冰洞高达100多米。陈诗才说，这个冰洞的规模，绝对不会是人造的，虽然冰洞的传说已经有几百年的历史了，但是从现场可以推测，这个冰洞形成的时间已经远远超过了几百年，距现在差不多有100多万年了。这个天然的洞穴是100多万年前由水冲刷形成的，可为什么这个并不符合结冰条件的洞里现在却结满了冰？这么大数量的冰又是什么时候形成的呢？有人认为这个地方有火山，也有水，可能是本身的地质结构发生了改变，才形成了结冰的环境。但陈诗才却认为这种说法并不科学。他认为，火山的发生缘于山西一带有煤的自燃现象。因为煤挖出来后，一些煤矸石里含有磷、硫这类东西，一见阳光就氧化自燃了。

• 猜测二：冰洞的形成得益于洞的形状？

陈诗才经过走访后认为，尽管宁武县的地理位置和气候条件并不适合冰洞的形成，但还是有不少的外部因素能够减少冰的融化。由于管涔山的海拔达到了2000多米，而洞口所处的位置在山的阴面，这对冰的长年不化都起到了一定的保护作用，而整个洞的形状也对洞内温度的保持起到了很好的作用。他认为，洞是一个正口袋形，这样在夏天，洞外温度热，洞底的温度凉，它不交换。如果洞形倒过来，在夏天，洞外温度热、比重低，洞内温度凉、比重高，热量需要交换，这样就损害了冰的保存量。

• 猜测三：冰洞的形成缘于冰川学说？

正是因为洞的形状并不利于洞里洞外空气的交换，因此尽可能减少了冰的损害。但是，即使有了这些外在的保护因素，可是这么大数量的冰究竟是如何形成的呢？显然，这是一个非常漫长的过程。这时候有人提出了冰川学说。科学研究表明，地球自诞生以来，气候一直在变化当中。早在几亿年前，地球就出现过大规模的冰川运动，而且只有冰川运动才会拥有如此猛烈的能量，才能形成许多地质奇观，所以有人认为，正是因为冰川运动，使大量的冰涌进了一个冲刷成形的洞中，也就形成了今天非常神奇的冰洞。按照这种推测，宁武县暑天冰洞的成因就可以解释了。但是，尽管常人看来洞中的冰都是一样的，可经过专门的取测后人们发现，冰的年龄却是各不相同。陈诗才说，冰也分层，也有个核心层，核心部分的冰，从结冰的情况和它所含的一些沉积物来看，这部分冰比较老。外面的、靠近洞口或者靠近主流水道的这些冰比较新。而根据研究人员这两年的观察，山上雨水多的时候，雨水常常会流进洞中并且融蚀掉不少冰，但是经过一段时间，在原来冰融化的地方，又都自动地恢复了原貌，也就是说，这个神奇的冰洞具有非常奇特的再生功能，一旦冰量减少，它还会进行自我修复。因此，陈诗才认为冰川学说似乎也存在漏洞。因为冰川学说的解释是冰融了就融了，永远空了，化一点就没一点，它不会自己再生。

- **猜测四：冰洞的形成是地热负异常说作怪？**

其实不仅是山西省宁武县的这个冰洞成因存在着很大的争议，就是在整个地质界都存在着很大的分歧。如果是冰川运动时，大量的冰涌进冰洞，但是随着时间的

推移，这些冰早就应该化了。最关键的是，这个地方根本就没有一年四季都结冰的气候条件。有一些人就提出了一个比较被认可的说法：叫作地热负异常说。地热正异常说指的是越向地心走，温度越高，地心的温度大概是 6000 多摄氏度，和太阳表面的温度差不多，也就是越往下走温度越高，这是合乎常理的。而地热负异常说恰恰相反：它说越往下走，温度越低，低得能够制冷，能够制造出大容量的冰来。对此，陈诗才认为，这就好比空调或冰箱，它都有一个制冷的机制，它是通过机电来制冷。而冰洞的制冷机制，从目前来推测，还是岩石下的某种机制形成了制冷的机制，从而达到制冰的效果。那么可以猜测，正是因为山本身的最深处很可能存在我们目前仍未探明的制冷机制，它不仅能保持洞中的温度，并且仍在日复一日地结冰，再加上相对较高的地理位置，以及洞口位置的巧合，因此，形成了这么一个神奇的冰洞。

冰岛的冰洞

冰岛的冰洞就隐藏在欧洲最大的冰川——瓦特纳冰原之下，冰洞的外观乍看之下与一般的岩石洞穴无异，但走进去你将会觉得仿佛走入神秘的冰之王国，任何人都会被它那冰冷却绚丽、神秘又迷幻的壮丽绝景给震慑到忘记呼吸。

一个岩洞的产生可能需要几百年的时间；但一个冰洞的出现只需要几个月到几年，那是冰川融冰与冰川本身交互作用下生成的天然奇景。由于冰川的流动、

融化的冰水加上季节交替，冰洞内壁在不停融化与反复凝结的过程中形成如此美丽神奇地迷人风采，而且还在不断变化中，千变万化的冰洞奇幻景象永远都看不腻。

但是“美丽却致命”这句话又再一次

在冰岛冰洞中得到证实，除了-120℃度的极低温外，不断移动变化的冰川也有随时崩塌的可能性，曾经有摄影师在探查时因突然坍塌的冰洞而罹难。若想前往冰洞的话，除了做好万全的安全准备，还需要有当地导游陪同才行。

洞穴生物趣谈

洞穴内除了由共性大、个性小的石钟乳、石柱、石笋等构成似人似兽似物的景观之外，还生活着大量的洞穴生物。它们与洞穴外生物或相同，或相似，或迥然不同，构成了丰富多彩的洞穴世界一道靓丽的风景。

洞穴植物 >

主要包括喜湿的高等植物和孢子植物、单细胞生物，如地衣、苔藓等，它们的种子或孢子通过水、风、重力或动物由洞穴外面带入，它们含有叶绿素，仍可进行光合作用，与洞外植物群落没有本质的差别。

孢子植物

蝾螈

洞穴动物 >

在洞穴内占据主要地位，种类和数量都很多，包括无脊椎动物中的涡虫类、腹足类、倍足类、蜘蛛类、伪蝎类、盲蛛类、甲壳类及昆虫纲的弹尾目、鞘翅目和直翅目种类；脊椎动物中的洞穴种类则多为蝙蝠、鱼、蝾螈和青蛙。

根据洞穴动物在洞穴内生活的时间特点，大多数学者把它们分为3类：

1.客居动物，指不在洞穴内完成其生命周期，而是利用洞穴作为

蝙蝠

越冬、避灾的良好场所。如蛾子、蚊子、浣熊等，这些动物往往栖息在洞穴入口的弱光带。

2.半洞穴动物，是可生活在洞穴内也可生活在洞穴外的洞穴动物，如蚯蚓、部分甲壳纲的动物等，这些动物的体色没有多大改变。

3.真洞穴动物，生活在洞穴的黑暗地带，并在洞穴内完成其生命周期，它们的体色透明，眼睛退化。也有的学者把它们分为两类，把前两者称为洞栖动物。

由于洞穴无光、潮湿和比较恒定的气温，使洞穴动物有几个共同的特点：无眼（盲目）、无色、不能调节体温、生活步调放慢（由于食物缺少造成的），但嗅觉、触觉器官则特别发达。

洞穴内的盲者 〉

眼睛是人类心灵的窗口，更是人类观看世界的基本器官。同样，许多动物都得靠眼睛来寻找食物或躲避追杀。然而，神秘的大自然时不时会给我们一些惊奇。研究人员发现，有一些种类的动物因为种种原因而失去视力或者视力退化，成为动物世界中的盲者。这些动物大多生活在地下或者深海中，黑暗的世界令这些动物的眼睛没有用武之地。了解这些珍稀动物，有助于我们认识到生物的多样化特征，进一步认识到生物演化的一些特点。

• 洞螈

洞螈是欧洲大陆唯一的种喜洞脊椎动物，它像利普托迪鲁斯甲虫一样，生活在欧洲阿尔卑斯山脉迪纳拉山东南部的石灰岩洞穴中。首次对该物种的描述是1768年，但当时仅记录它是一种洞穴动物，并未发现它们的奇特属性。由于它的身体呈灰色、粉红色，斯洛文尼亚和克罗地亚当地居民将它们称为“人鱼”。

• 利普托迪鲁斯甲虫

利普托迪鲁斯甲虫是一种喜洞生物，它没有眼睛，非常适应洞穴漆黑的环境，它只通过灵敏的嗅觉和触觉感受外界环境的变化。如果将利普托迪鲁斯甲虫从漆黑的洞穴环境中取出，它们很难适应其他环境。据悉，利普托迪鲁斯甲虫是全球发现

的第一种喜洞生物，首次发现于1832年。利普托迪鲁斯甲虫身体长1厘米，它们在漆黑的洞穴中主要以腐烂的洞穴生物尸体为食，仅生存于欧洲阿尔卑斯山脉迪纳拉山东南部的几处石灰岩洞穴中。科学家们认为这种无眼甲虫是一种十分脆弱的生物，它们的进化发育条件十分苛刻。

- 考艾岛洞狼蛛

考艾岛洞狼蛛的学名为，“Adelocos aanops”首次发现于1971年，科学家在夏威夷群岛的考艾岛5个洞穴中发现了20多只狼蛛。据称，这些洞穴形成于560万年前，因此生活在这里的狼蛛在漫长的进化历史中适应了漆黑环境，并逐渐进化消退了眼睛器官。然而考艾岛洞狼蛛具有灵敏的触觉，当掠食动物进入洞穴，它们能够探测到掠食动物的一举一动。虽然生物学家对于考艾岛洞狼蛛的盲视能力感到惋惜，但洞穴探险者恰恰相反，这是一种神奇的无眼蜘蛛，其身体直径达到8厘米，即使当洞穴探险者在探索洞穴里身处险境或者照明灯电池耗尽时，这种狼蛛也不会“落井下石”，它们不会对人类构成威胁。

• 肯塔基州洞虾

肯塔基州洞虾的学名为“Palaemoniasganteri”，它是一种没有眼睛器官的喜洞生物，能够生存在没有光线的洞穴环境中。它们多数生活在美国肯塔基州著名的猛犸洞穴和该地区其他地下洞穴中，由于地面水坝和河道严重影响猛犸洞穴地下水系统，这种无眼洞虾正处于濒临灭绝状态。肯塔基州洞虾没有眼睛，全身透明，体长可达到 3.15 厘米，与得克萨斯州、阿拉巴马州和佛罗里达州洞穴虾较为接近。目前，该地区的地下水污染也成为它们生存的巨大威胁。

• 洞穴盲视龙虾

美国大约有 40 种不同的洞穴虾物种生活在各种洞穴环境中，其中多数洞穴虾类都没有眼睛，它们身体缺少染色体，并且寿命很长，一些物种的寿命可达到 75 年。洞穴盲视龙虾就是体形最大的喜洞生物，其体长可达到 10 厘米。

历经数百万年的进化历史，包括盲视

龙虾等洞喜生物逐渐适应漆黑的洞穴环境。它们就像是“煤矿中的金丝雀”，它们的身体健康状况是环境指示器，过滤的地下水是它们的主要栖息环境。

- 洞穴盲视螃蟹

像许多喜洞生物，洞穴盲视螃蟹生活在遍布全球的漆黑水淹洞穴中。它们具有一些进化适应性，比如：没有眼睛，身体色素较少。只有当人们使用探照灯才能发现它们的存在。洞穴盲视螃蟹主要存在于淡水进入洞穴的入口处，这里的水域环境有许多适合盲视螃蟹食用的食物。如图所示，这是在印尼爪哇岛洞穴中生活的一种盲视螃蟹，其学名为“Sesarmoidesjacobsoni”。

布兰肯洞穴的蝙蝠群 〉

蝙蝠在动物界具有独特的地位，它们不仅是唯一会飞的哺乳动物，也是群居规模最大的哺乳动物。尽管大多数种类的蝙蝠对人类是有益的，但人类长期以来一直将它们与女巫、灾难及吸血鬼的传说联

系在一起。那么，真实的蝙蝠是怎样的呢，让我们随着国际蝙蝠保护组织的专家到世界上最大的蝙蝠栖息地——美国得克萨斯州中部的布兰肯洞穴一探究竟吧。

著名的布兰肯洞穴位于美国得克萨斯州中南部城市圣安东尼奥附近，每年春天都会迎来2000万只墨西哥游离尾蝠，是世界上最大的蝙蝠栖息地之一。布

兰肯洞穴原是一个巨大的落水洞，后来内部塌陷形成了现在的样子，再后来，也就是距今约1万年时，墨西哥游离尾蝠开始居住在这里。墨西哥游离尾蝠属中等体型蝙蝠，体色为棕色或灰色，寿命为18年，它们像候鸟一样具有迁徙行为，每年的3—10月份居住在布兰肯洞穴里，其余时间在温暖的墨西哥度过。

布兰肯洞穴中的蝙蝠群密度很高，成年蝙蝠每平方米可达1800只，新生蝙蝠更是达到每平方米5000只。如此密集的蝙蝠聚在一起，产生的热量使洞穴内温度大幅上升，冬季时，洞内温度会从20℃升高到30℃，夏季时温度可升高到42℃，以致许多蝙蝠不得不拍打翅膀降温。

洞内的空气也极为污浊。大量新鲜

的蝙蝠粪便及偶尔死掉的蝙蝠使得地面上的食肉甲虫大量繁殖，形成密密麻麻的一层，所产生的代谢物与水蒸气结合形成大量氨气，氨气浓度稍高就能使人致命，但游离尾蝠可通过降低代谢速率，增加血液和呼吸黏液中的二氧化碳来中和氨气。高浓度的氨气还将游离尾蝠的羽毛漂白为略带红色的褐色。

壮观的蝙蝠云 >

游离尾蝠飞行时也聚在一起，就像一片片的云一样，尤其是它们傍晚出洞和黎明归来时的景象更为壮观。游离尾蝠飞出去的时候，就像一股黑烟涌出，洞口的“交通”拥挤程度可想而知，但却从不发生相撞事故，有人计算过，洞穴口每分钟飞出的游离尾蝠

可以多达5000—10000只。已经飞出的蝙蝠在空中向上盘旋飞行，形成涡流状的蝙蝠云，几分钟后，掠过游人的头顶，向远方的夜空飞去。8—9月小蝙蝠正式加入到

飞行队伍中时，蝙蝠云的景象更为壮观，游人甚至能感受到蝙蝠向上盘旋时产生的微风。

较之出洞，游离尾蝠归来时的景象同样引人瞩目，因为你将看到世界上最壮观的“自由落体运动”。为了不错过机会，游人一般在拂晓前一小时赶到布兰肯洞穴。游离尾蝠归来时，一般以高速飞行，到达布兰肯洞穴上空1500—2500米处时停止前进，最先到达的以之字形向洞穴口俯冲，它们一个接一个地往洞里飞，其情形好比一股浓烟被洞里的妖怪吸进去。在此过程中，游离尾蝠会表演精湛的“自由落体”飞行，它们收起翅膀进行自由下落飞行，通过伸开并扇动翅膀来控制下落的速度和方向。

灭虫天军和天然肥料生产者 >

布兰肯洞穴的游离尾蝠对当地的生态环境有着很大的益处，它们是灭虫天军和天然肥料生产者。游离尾蝠主要以蛾、蚂蚁、蚊子、甲虫等会飞的昆虫为食，它们的食量惊人。假设一只游离尾蝠一晚吃掉相当于自身重量（约12.3克）的昆虫（哺乳期间食量更大），那么，光布兰肯洞穴的蝙蝠一晚上就可消灭掉近250

吨昆虫，这些昆虫里，一半左右是农业害虫，包括地老虎和棉铃虫。要知道，单是棉铃虫一种昆虫就使美国农民每年损失10亿美元。

游离尾蝠出色的灭虫能力得益于其高超的飞行本领，它们能轻松地以每小时40千米的速度飞行，每晚的活动范围可覆盖周围数千平方英里范围内的市镇和农场。游离尾蝠属迁徙性蝙蝠，冬季不冬眠，它们3—10月在布兰肯洞穴等北部栖息地度过，10月至次年2月底则在墨西哥等温暖的南部栖息地度过。游离尾蝠迁徙时的飞行高度为3000米，飞行速度可达每小时96千米，一晚可飞行460千米。这个速度可以保证游离尾蝠能在最佳时间到达中途暂居的洞穴。但令科学家不解的是，仍有一些游离尾蝠会留在布兰肯洞穴中过冬，并且不冬眠，它们在冬季气温最低的时候都会死掉。

与游离尾蝠惊人的灭虫能力对应的是，它们也产生大量的粪便，而这同样具有重要的生态和经济价值。蝙蝠粪便不仅是优质的天然肥料，而且具有许多潜在的价值。微生物学家Bernie Steele对蝙蝠粪便研究后发现，1盎司粪便中就含有数十亿细菌，细菌种类达数千种，其中不少种仅见于布兰肯洞穴中。这些细菌中，有的可用于净化工业废物，有的可用作天然杀虫剂，有的经过处理后可作为抗生素。此外，万年来沉积下的蝙蝠粪还可用来监测环境污染和研究史前气候变化情况。

小游离尾蝠的出生 >

每年3、4月份，游离尾蝠在墨西哥等南部栖息地交配后，便飞往布兰肯洞穴等北方栖息地产仔育雏。到5、6月份，雌性游离尾蝠与雄性游离尾蝠分开，分别组成“育婴妈妈俱乐部”和“单身贵族”两个群体。“单身贵族”群体数量相对较少，一般由数十到数百只雄性游离尾蝠组成，偶尔也可达到10万只或以上，“育婴妈妈俱乐部”则数量庞大，从数十万只一直到数千万只，居住在布兰肯洞穴的雌性游离尾蝠数目就在千万以上，这个数字在6月下旬小蝙蝠出生后还要翻倍。

正常情况下，雌性游离尾蝠每年生产1只后代，且大都集中在6月份的第一周和第三周期间生产。雌性游离尾蝠生产时用四肢紧紧地抓住穴壁，并在小蝙蝠

出生后立即给予清理和照料。小蝙蝠出生后一小时内，脐带仍予母体相连，小蝙蝠与母亲借这段时间熟悉彼此的气味和声音。小蝙蝠刚出生时身上没毛，但眼睛已能睁开，它们的体重约为母蝙蝠的1/4，体长为母蝙蝠的一半。随后，小蝙蝠被送往专门的育婴室，母蝙蝠则在另外的地方休息。由于新生的小蝙蝠多达千万，育婴室内极为拥挤、混乱，每平方米的穴壁上挤着多达5000只小蝙蝠。它们本能地用四肢攀附在穴壁上，用小小的门牙咬住其他蝙蝠的身体，你推我挤，爬来爬去，不断地发出尖叫声。蝙蝠育婴室如此混乱，以致科学家曾以为雌性游离尾蝠很难找到自己的子女，它们会给首先发现的小蝙蝠喂食。但后来的研究证明雌性游离尾蝠外出觅食时会记住小蝙蝠的大致位置（由于小蝙蝠会爬来爬去，它在两次喂食间的位置可能相差几厘米到一米），归来后先到这个位置，并发出呼唤声，再根据回答判断是否是自己的子女，找到之后，母蝙蝠还要进一步用鼻子嗅嗅，确认无误后才喂奶，整个确认过程需花费雌性游离尾蝠12秒到10分钟的时间。

雌性游离尾蝠的哺乳期为5到6周，它们每天产生相当于自身体重1/4的乳汁，喂食小蝙蝠至少两次。具有丰富营养的乳汁使小蝙蝠迅速长大，到出生后的第五周时，小蝙蝠可以第一次练习飞行了，这也是首次试验声波定位能力。首次试飞时，小蝙蝠在以每秒6米的速度练翅的同时，必须避免与数千只同时练翅的小蝙蝠相撞，因为与其他蝙蝠或穴壁相撞可能是致命的，一旦跌落就会被地面上数百万计的食肉甲虫迅速吃得只剩骷髅。受环境因素的影响，小蝙蝠的死亡率很高，一半左右会在1岁前死亡。

洞穴生物的保护 >

洞穴生物和洞外地表生物一样，是人类的宝贵财富，而且由于其特殊地位，应该说对地球化学、生物进化、地质地理学研究等方面都具有特殊的意义。

1.土壤异养微生物可以使坚硬的岩屑和其他有机物转变成可供动物利用的高级营养食物。

2.动物如盲鱼、盲虾、盲眼蝾螈、洞穴昆虫等，是研究生物与环境相适应、生物进化的良好材料，具有很高的科研价值。

3.洞内大多无脊椎动物，对环境污染敏感，可用来作为判断环境质量好坏的有效指标。

4.化石和古孢粉是研究古地理环境的重要依据。石瀑布：是连续不断的片状流水所形成的瀑布状的沉积物而得名。

综上所述，洞穴生物从科研和生态等方面具有很高的研究价值，且对环境变化的敏感性强。一旦被破坏，就很难恢复，因此在洞穴的可持续发展与开发中，洞穴生物保护应该是一个重要的考虑因素。

远古“博物馆”——洞穴艺术

远古画廊——拉斯科洞穴 >

拉斯科洞穴位于法国西南部多尔多涅省韦泽尔峡谷内，1940年被4名青少年偶然发现。拉斯科洞穴内绘有600余幅惟妙惟肖的彩绘动物壁画，据推测画于距今约1.5万至1.7万年前，被视为人类旧石器时代岩画的代表作之一。

拉斯科洞穴被称之为“前西斯廷小教堂”，这是法国西南部一个复杂的洞穴，里面包含着世界上最不同寻常的旧石器时代壁画，其历史至少可追溯至15000年前。

这处洞穴是1940年9月12日由4个年轻人发现的，1945年第二次世界大战结束后才首次对公众开放，由于每天参观客游量达到1200人，人体呼吸所释放的二氧化碳严重损坏了洞穴壁画，1963年，为了保护这一旧石器壁画艺术，法国政府停止向公众开放。

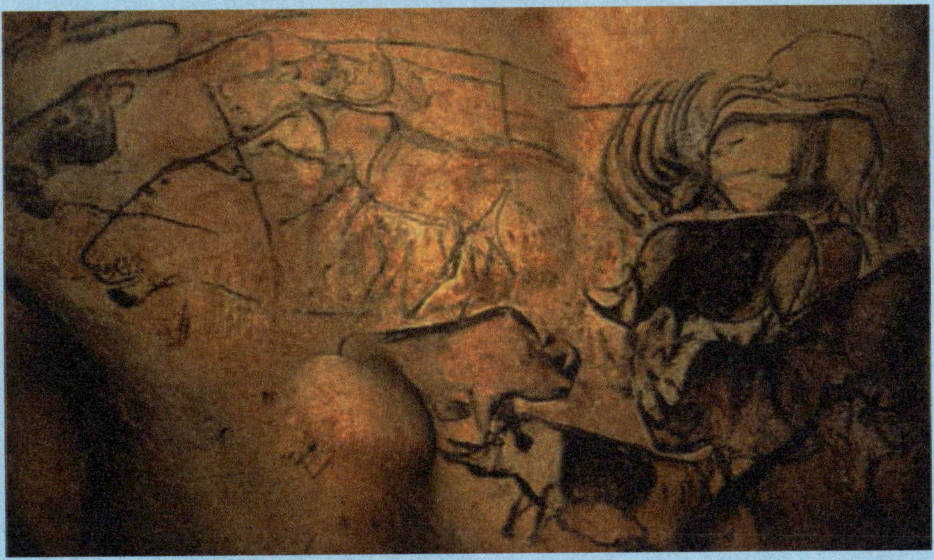

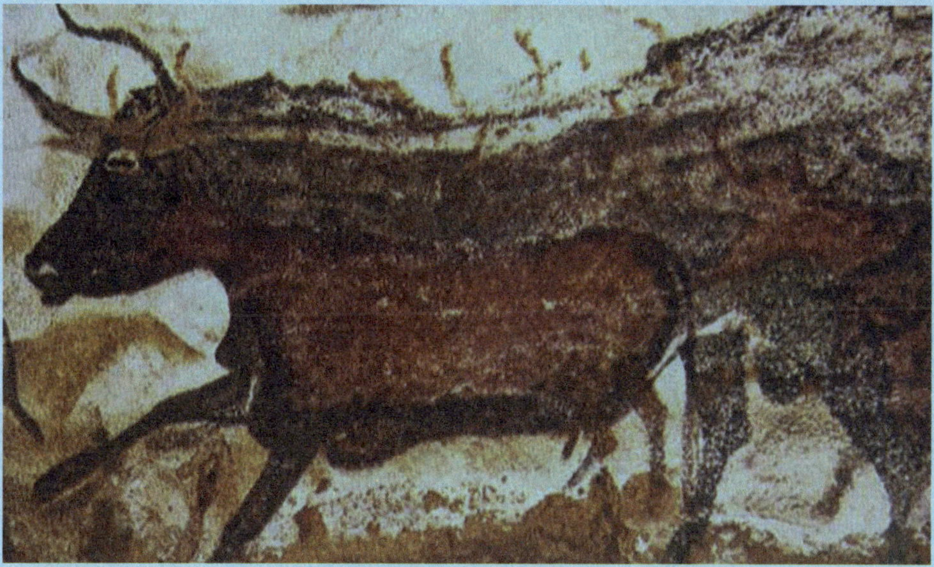

野牛壁画

史前壁画

画在洞窟里的史前壁画是迄今为止人类发现最早的绘画作品，大约出现在旧石器晚期。这些绘画多以动物形象为主，尤以阿尔塔米拉岩洞和拉斯科岩洞的壁画价值最高。

阿尔塔米拉岩洞位于西班牙北部，是公元前 3 万一前 1 万年左右旧石器时代晚期的古人绘画遗迹。洞窟长约 270 米，绘制了 20 多种动物形象，如野牛、野马、野猪、猛犸、山羊、赤鹿等，栩栩如生。

量表现得非常生动，具有强烈的艺术感染力。拉斯科岩洞位于法国西南部比勒高省的多尔多涅，是 2 万多年前旧石器时代的绘画遗迹，绘制了 700 多头马、野山羊、野牛等动物，形态生动，色彩明快，其中奔马的形象尤为突出。1940 年，在法国一个叫拉斯科的村子里，一只小狗掉进了一个岩洞里，为了救出小狗，孩子们爬进了岩洞，却好奇的发现洞壁上画满了各种动物，由此人类发现了拉斯科岩洞。

野牛壁画

《受伤的野牛》是阿尔塔米拉岩洞壁画最精彩的部分。画中描述了一头野牛因受伤而扑倒在地却仍奋力挣扎的情景。画面色彩单纯，但却将野牛的野性和巨大力

野马壁画

《拉斯科野马》是拉斯科岩洞中一匹受伤的野马形象，这匹马因中箭而受伤，从一个侧面展示了早期人类靠打猎来维持生活的场景。

阿尔塔米拉洞穴：令毕加索都的壁画艺术 >

阿尔塔米拉洞穴是西班牙的史前艺术遗迹，洞内壁画举世闻名。位于西班牙北部古城桑坦德以南35千米处。1879年由考古学家马塞利诺·德桑图奥拉和他的次女玛丽亚发现。洞窟长约270米，洞高2.3米不等，宽度各处不一。洞里保持着久远的石器时代面貌，有石斧、石针等工具，还有雕凿平坦的巨大石榻。150余幅壁画集中在长18米、宽9米的入口处的顶壁上，是公元前3万年至公元前1万年左右的旧石器时代晚期的古人绘画遗迹。其中有简单的风景草图，也有红、黑、黄褐等色彩浓重的动物画像：野马、野猪、赤鹿、山羊、野牛和猛犸等。有的躺卧休息，有的撒欢奔跃，有的昂首翘尾，有的追逐角斗或互相亲昵，形象千姿百态。据考证，壁画颜料取于矿物质、炭灰、动物血和土壤，再掺和动物油脂而成，色彩至今仍鲜艳夺目。壁画线条清晰，多以写实、粗犷和重彩的手法，刻画原始人熟悉的动物形象，组成一幅幅富有表现力和有浮雕感的独立画面，神态逼真，栩栩如生，达到了史前艺术高峰，具有很高的历史和艺术价值。多年来，壁画是世界学者们重要的研究对象，令毕加索都为之汗颜的壁画艺术受到西班牙人的高度爱护。

肖维特洞穴：壮观的史前动物艺术 >

肖维特洞穴位于法国南部的阿尔代什省，1994年，3三位洞穴学家发现这处洞穴里竟然完好保存着旧石器时代精美的壁画艺术，随后肖维特洞穴名声大噪。该洞穴里包含着许多动物的壁画，其中多数动物已灭绝，洞穴地面上仅存留着人类和远古动物的足迹。该洞穴很快成为世界上最著名的史前艺术遗址。

肖维特洞穴具有两个清晰历史时期人类的活动迹象，奥里尼雅克时期（旧石器时代前期3—3.2万年前）和格拉维特时期（旧石器时代晚期2.5—2.7万年前），多数洞穴壁画属于旧石器前期。该洞穴长约500米，里面的一些小走廊各有特色。

最为奇特的是洞内岩壁上有清晰可见的表现犀牛、马和狮子等动物的壁画，共有400个动物图像。法国考古人员和科学家在采用同位素方法进行检测后认为，这是迄今为止世界上发现的最古老的洞穴壁画之一。

马古拉洞穴：史前世界艺术一瞥 >

马古拉洞穴位于保加利亚西北部，距离首都索非亚 180 公里。该洞穴的壁画覆盖了不同时代，最早可追溯至青铜器时代早期。洞穴中的壁画描绘了舞蹈的女人、跳舞和打猎的男人、戴有面具的男人、大型动物、太阳、星辰和各种劳动工具和植物。这些复杂的史前壁画丰富地暗示着远古人类智力和精神方面的特征，从新石器时代至青铜器时代，马古拉洞穴被长期确定为神殿，并履行着相关的职能。

科斯奎尔洞穴：2.7万年前的水下洞穴 >

科斯奎尔洞穴位于法国马赛市附近，现今该洞穴的入口处位于水下，是由亨瑞·科斯奎尔在 1991 年发现的。现今这个洞穴可通过一条 175 米长的隧道抵达，该入口位于海平面 37 米之下。

洞穴中包含着数十幅壁画和雕刻作品可追溯至旧石器时代晚期，这里的壁画艺术标识两个不同的历史时期：较早的手绘图案和相关的图形，可追溯至 2.7 万年前的格拉维特时期；较新的符号绘画和动物绘画可追溯至 1.9 万年前的梭鲁特时期。

这些壁画中绘制的典型动物包括：野牛、野山羊、野马，以及像海豹、海雀和水母等海洋动物。

芬德歌姆洞穴：最好的史前多彩艺术 〉

生活在多尔多涅山谷的史前人类最早于公元前 2.5 万年前居住在芬德歌姆山口，芬德歌姆山口洞穴的壁画艺术至少持续了数千年。然而，当最早的史前人类离开时，这些洞穴逐渐被人们遗忘，直到 19 世纪当地居民再次拜访这一洞穴。

1901 年，一位名叫丹尼斯·佩朗宁的学校老师发现了芬德歌姆山口的洞穴壁画，这些壁画可追溯至公元前 1.7 万年前。然而，壁画发现的时间更晚一些。1966 年，当科学家再次清理该洞穴时，偶然间发现一幅绘有 5 只野牛的壁画。芬德歌姆洞穴中有 200 多幅彩绘艺术，被认为是超越拉斯科洞穴的多彩史前壁画艺术。目前，该洞穴已对外关闭。该洞穴中壁画描绘着 80 多头野牛、大约 40 头野马，以及 20 头以上的猛犸。

喜马拉雅山洞穴隐藏的秘密 〉

喜马拉雅洞穴深处有秘密隐匿百年的瑰宝，让我们仔细看看。

• 手稿上发现藏人的面孔

在上世纪30年代备受读者欢迎的小说《失去的地平线》中，英国作家詹姆斯·希尔顿将香格里拉描绘成一个虚构的天堂。

直到最近，亲自探测这些在陡峭悬崖表面开凿出的神秘洞穴的人仍然屈指可数，原因就在于上穆斯坦是尼泊尔的一个禁区，长期以来一直不对外人开放。2007年，一支由美国研究员兼喜马拉雅山专家布罗格顿·科伯恩以及老兵级登山家皮特·阿萨斯带队的研究小组，朝岩块剥落的悬崖进发并对这些人造洞穴进行探测。

在2009年11月18日美国公共广播公司首播的两部新纪录片《迷失的喜马拉雅山洞穴寺庙》和《香格里拉的秘密》中，观众能够看到他们在此行以及2008年上演的第二次探险之旅中发现的一系列宝物。

• 探险队发现了一些人类遗骨

在 2008 年 8 月对尼泊尔上穆斯坦的香格里拉洞穴进行勘探时，探险队发现了一些人类遗骨。照片中的人就是登山高手阿萨斯，他正盯着这些遗骨看。2007 年，阿萨斯和同事发现了西藏佛教寺庙，上面装点着精美的壁画，其中一组佛传壁画共由 55 幅组成，描绘了佛的一生。在 2008 年进行的第二次勘探中，探险队又发现了一些年代可追溯到 600 年前的人类遗骨、大量宝贵的手稿一些充当装饰物的小幅绘画。

登山高手阿萨斯

• 穆斯坦洞穴内的佛教壁画

位于偏远穆斯坦洞穴内的佛教壁画是在 2008 年发现的，它们被雕刻在卡利甘达基河分水岭上方陡峭的悬崖内。英国剑

桥大学数字喜马拉雅项目的马克·图林表示，古穆斯坦王国被称之“世界的尽头”，在文化上与中国西藏地区呈彼此隔绝状态。这些新发现显示，穆斯坦数百年来就是绝对的中心，这里充满生机和活力，文化底蕴深厚，宗教信仰也呈现出多元化。

• 洞穴墙壁上发现13至14世纪的绘画作品

在古穆斯坦王国（现属尼泊尔）一个洞穴墙壁上发现的一幅 13 至 14 世纪的绘画作品，描绘了西藏佛教徒保护神玛哈嘎拉，也就是大黑天。穆斯坦洞穴内发现的文化宝藏意味着，这些地方与据信代表佛教徒精神天堂香巴拉的“隐藏山谷”有关。很多学者相信香巴拉在现实世界拥有一个与之相对应的地方。

探险队负责人科伯恩表示：“这些隐藏的山谷诞生于斗争年代，当时佛教徒的修行和领导者受到威胁。”在 1933 年的小说中，英国作家希尔顿引入“香巴拉”这一概念描述香格里拉的迷失山谷。香格里拉是一个与世隔绝的山区，同时也是一个文化智慧宝库。

• 珍贵的宗教文字资料

几个世纪来，虽然穆斯坦洞穴一直未能免受掠夺者的破坏，但科伯恩的探险队还是发现了大约 30 卷宗教文字资料，并从中收集整理出一些珍贵手稿。在其中一个洞穴内发现的一堆文字资料。科伯恩说，山区凉爽干燥的气候为古代手稿提供了很好的保存环境，手稿中既有来自佛教的内

容，又有来自本教的内容。本教是西藏早期的一种本土宗教。两种宗教著述的"一个都不能少"说明，在西藏皈依佛教之后，当地人对本教的信仰至少又延续了一两个世纪。佛教于 8 世纪开始传入西藏。

- 可追溯到600年前的人类遗骨

探险队一名队员手持一个在尼泊尔偏远穆斯坦洞穴内发现的人类头骨。2008 年，探险队发现了年代可追溯到 600 年前的人类遗骨。遗骨所在区域可能是一个墓穴，说明这些神圣的洞穴曾一度用于安葬死者。

- 登山高手在陡峭的崖面上攀爬

偏远的穆斯坦洞穴就在悬崖之内。探险队负责人、喜马拉雅山专家科伯恩表示，在获得尼泊尔政府的允许后，奥兹图克和登山家阿萨斯将长 3 英尺（约合 1 米）的锚深深插进岩块剥落的崖壁，随后进行攀爬。他们的这种冒险是 2008 年一支探险队勘探人造洞穴的组成部分。尽管高悬于河谷之上，但洞穴内的宝藏还是面临一系列风险，其中包括掠夺者的破坏、纪念品收藏家的擅入、大自然的侵蚀、地震以及稀少但猛烈的降雨。

- 整理西藏古代文字资料

奥兹图克对一堆西藏古代文字资料进行了整理分类。这些手稿中含有佛教和本教著述。发现这批 15 世纪手稿的探险队认为，穆斯坦国王对本教著作并没有选择付之一炬的做法，而是将它们弃置洞穴之内，此举显然是一种表示尊重的选择。

剑桥大学数字喜马拉雅项目的图林表示，之所以能够发现这些手稿也可能与西藏人故意隐藏宗教著作的传统有关。他说："对于研究西藏人的传统，这些发现显然具有非常重要的意义。人们发现了隐藏的手稿，或者说发现了隐藏的文化知识。这些东西可能是流失之物，也可能被故意隐匿起来。"

洞穴与人类

在洞穴休息和睡觉可治病 >

当各种形式的疗养院在城市或者城市交界开得不亦乐乎的时候，洞穴却是最好的修身养性之所。看来，原先的神仙、道士总是在洞穴修炼成正果，还是有理可循的。

提起洞穴，人们的脑海里往往会浮现出黑暗、潮湿的景象，但就是这些布满坚硬岩石的洞穴却是一个“天然疗养院”，洞穴的环境不仅有助于治疗一些疾病，甚至为受女性喜爱的 SPA 服务提供了最好的蒸气室。

近年来，在东欧、俄罗斯以及美洲已经开辟了许多洞穴医疗站，治愈了许多病人。我国西南地区拥有全球最为丰富的岩溶洞穴，近日，有地质专家也提出要在中国西南建立世界级的洞穴医疗基地。

• 每天几小时的洞穴生活，休息和睡觉便可治病

中国地质科学院岩溶地质研究所研究员朱德浩是专门研究“洞穴医疗”的专

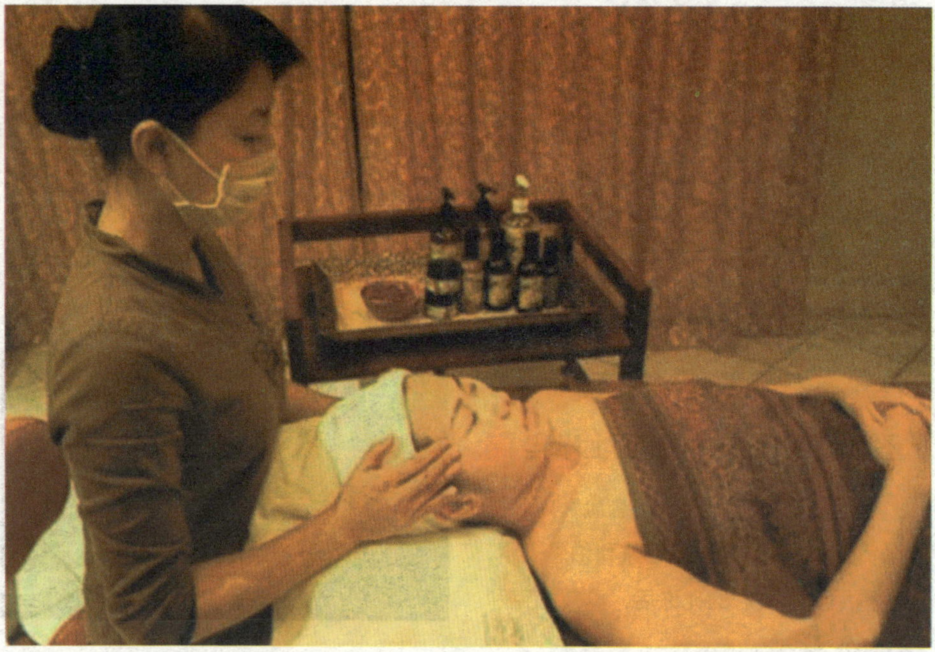

家，2004 年，他曾去欧洲中南部的斯洛文尼亚岩溶区，对那里的岩溶地貌与洞穴进行考察。据他介绍，斯洛文尼亚洞穴医疗站利用一段人工洞道作为肺病的辅助治疗，实践证明治疗效果是不错的。

如今，地表环境日趋恶化，由于空气质量下降，吸烟人数不断上升，使得患慢性呼吸道疾病的人越来越多。近年来，由于洞穴疗法对这类顽固性疾病具有独特疗效，因此受到俄罗斯、东欧等世界上不少国家的重视，而且国际洞穴学联合会组织还设立了一个专门的“洞穴医疗”委员会，目的在于宣传和促进这一奇特的医疗方法。

朱德浩介绍说，“洞穴医疗”并不用一天 24 小时都在洞穴里面居住，患者每天在洞里面呆上五六个小时就可以了，一般就是休息和睡觉。欧洲的“洞穴医疗”，有时会播放舒缓的音乐配合治疗，也有专门的医务人员指导患者做些简单的医疗体操，进行相关呼吸和祛痰的训练等。“总之就是在一个非常舒适的环境里面，神经得到充分的放松，并且享受洞内特殊的微气候对人体的综合效应。”

当然，“洞穴医疗”对治疗呼吸道等疾病主要起到辅助的作用，并不是每个患者都适宜进行洞穴疗法的。朱德浩说，由于洞穴内外的气温差异很大，所以心血管疾病、急性传染病患者就不太适宜采用洞穴疗法，这样会给此类患者的器官造成负担，另外由于洞内的湿气较重，因此风湿病的患者也不适宜采用此法。

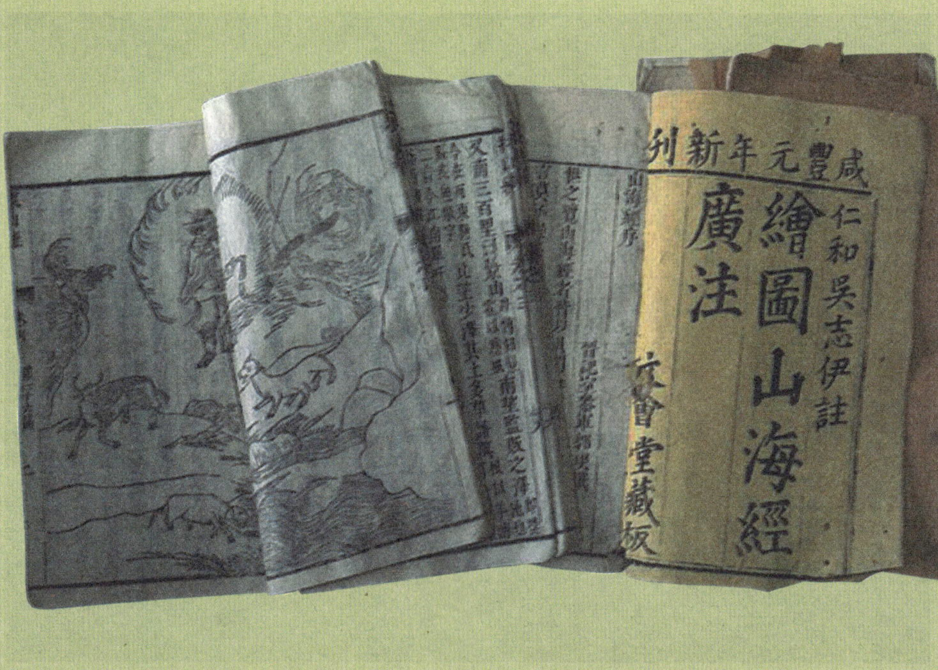

洞穴探险的历史 >

很早以前人类就对洞穴产生了浓厚的兴趣，并将其作为重要的资源加以利用，在寻找和采集洞穴资源的过程中产生了最初的洞穴探险活动。北京周口店的古人类遗址和华南许多岩溶洞穴的古人类化石都表明了人类早期的洞穴探察和利用行为。中国最早有关洞穴的记载可见于《山经》、《周易》、《楚辞》等古籍。以后的记述在保留下来的各代典籍中均有所见。如宋代范成大的《桂海虞衡志·志岩洞》、南宋王象之的《舆地纪胜》等。明代徐霞客在其所著的《徐霞客游记》中，有1/6的篇幅是描述洞穴探险经历的，其内容已经涉及到现代洞穴科学的各个分支。

国外最早有关洞穴的描述见于亚里士多德的著作，一些洞穴碑文上也记载了早期的洞穴探险活动，1535 年的一本 4 页的小册子描述了德国的探洞活动，同时已有人对洞穴沉积物进行了研究。资本主义的兴起、工农业和科学的发展，促进了欧洲对洞穴的研究和探险。17 世纪欧洲产生了洞穴活动的组织，洞穴探险和洞穴调查研究开始分开；1879 年出现了一些洞穴专业协会，同时也出版了一些洞穴活动专著。19世纪末期，欧洲兴起了大规模的洞穴探险活动，当时主要是对欧洲的阿尔卑斯山、比利牛斯山的洞穴进行探测，洞穴探险技术得到极大的提高，洞穴探险已不再是洞穴研究人员的专利，而成为普通的洞穴爱好者可以参与的活动，洞穴活动在世界各国扩大，洞穴全国性组织、地区性和国际性组织纷纷产生。1953 年成立了国际洞穴学会，开始了群体性有组织的洞穴探险活动。许多国家出现了为数众多的洞穴俱乐部和洞穴探险、研究组织，如美国国家洞穴协会约有130个分会，法国则有450多个洞穴俱乐部。20 世纪50年代以来，在世界旅游业蓬勃发展的同时，一些有洞穴分布且经济发达的国家，如法国、美国、英国、意大利、瑞士、比利时、澳大利亚、新西兰等，群体性的洞穴探险活动得到了迅猛的发展，逐渐成为人们闲暇休假的重要旅游活动。在亚洲，日本、韩国较早建立起洞穴组织，并有一定规模的探险力量，可组织小规模探险队到国外从事洞穴探险活动，但与欧洲的许多国家不同，其主要力量为高等学校的教师与学生，还没有达到西方国家全面普及的水平。

洞穴探险旅游的特点 >

• 原始性、脆弱性

洞穴探险旅游者要探险的洞穴多属于未经人类开发利用的洞穴，洞穴周围基本上保持原始状态。当物理条件、化学条件和生态条件发生变化，洞穴环境也会发生变化，表现出明显的脆弱性。如果有人为的破坏，在特定气候、水文条件下经过亿万年发育而成的洞穴沉积物将永远无法恢复。

• 探险性、技术性

世界上公认最具危险性和挑战性的5种探险活动分别是深海潜水、江河漂流、登山、洞穴潜水和深洞探测，洞穴探险以其高难度和高危性而占据了其中的两项。洞穴环境的复杂性和危险性使洞穴探险成为一种技术性极强的活动，掌握洞穴探险的技术和方法，是开展洞穴探险的基础。

• 科学性、专业性

洞穴探险自产生起就和洞穴科学研究紧密结合，现代洞穴探险更是强调探险活动的科学性和专业性：探险过程中要进行洞穴测量和洞穴三相图的绘制，探险结束

后要进行资料的收集、整理及输入电脑储存等工作。这些工作具有很强的科学性和专业性，探洞者必须掌握洞穴的相关科学知识、洞穴测量和绘图的方法、洞穴探险的专业技术等。

• 选择性、局限性

作为一项需要体能和技能的特种旅游活动，洞穴探险要求旅游者有较好的体力；在花费方面，由于必须使用探洞专用设备以及参加必要的技术培训，洞穴探险费用要比普通旅游高；同时，洞穴探险的专业性和技术性决定了旅游者必须花费一定的时间掌握洞穴知识和探洞技术，这又要求洞穴探险的参与者有充足的闲暇时间和较宽裕的经济条件。因此，洞穴探险的参与者与传统的大众旅游相比，具有较大的选择性和局限性，多为洞穴研究者或者一些喜欢冒险猎奇的探险爱好者。

• 参与性、合作性

在不同于地面世界的洞穴内，旅游者参与洞穴探险，进行各种专业性的考察活动，经历各种意想不到的困难，因此是一种参与性极强的活动。同时，现代洞穴探险不是个人行为，参与者必须互相合作、互相帮助，才能圆满完成对洞穴的考察，洞穴探险活动是培养团队精神的良好方式。

洞穴探险装备 >

- 服装

考虑当地的气候和洞内气温、水温，以轻便为原则，不需要太考虑服装的防水，因为洞内的湿度接近饱和，防水面料会阻碍汗水和热量的快速排出。可以使用兼顾耐磨和透汗的 TC 材料的连体服。服装颜色鲜艳有利于辨识。

- 鞋

扎实高质的高筒塑胶工作靴，目前国内普通商店较少见，可考虑外贸工靴及消防靴；如遇涉水的情况可加穿潜水袜以保暖。登山鞋不能完全适应洞穴内复杂的地质条件。

- 头盔

宜选用专业探险头盔。

- 背包

携带个人物品和工具宜选用带密封防水卷口的背囊，材质以夹网 PVC 材料为佳。探洞宜用直筒的 20 升 PVC 热压合防水包；装备包、绳包宜用带排水网的 PVC 直筒包。

- 灯

头灯为首选，单组电源连续工作时间应在 8 小时以上。LED 灯光功率应大于 1 瓦，其他光源光照度应在 300 流明以上，

越亮越好。同时每次进洞都应携带备份电池以及 2 组备份照明。

路绳

- 绳

根据情况带路绳或主绳。平洞一般 30 米路绳足够；竖井则需要更多，视情况以双倍于估计的深度带绳。

- SRT

为使用单绳在任意地形安全移动的技术装备总称，包括上升下降器还有安全带、牛尾、脚踏和若干锁扣，需要经过培训和不断练习才能掌握好。

小防水袋

- 食品和水

真空包装食品为首选，应携带 2 倍于计划时间的食品，因此尽量选择高能压缩食品以减少负重。水应携带 1.5 倍于计划的量。洞穴中时常都能找到水源，可以在紧急情况下饮用，如果水质比较糟糕，可携带净水器。如果是干旱地区的洞穴，应带 2 倍或更多的水。

- 其他

水洞要考虑救生衣和浮筏、小防水袋、指北针、记录本和笔。

探洞安全注意事项 >

• 迷路

洞穴空间的复杂不是能用单一的标准来概括的。黑暗的环境、雷同的场景往往使人难以辨别方向，即使是刚走过的路也容易记混。因此一定要有准备，一边测量一边设立标志，步步为营。时常回头看看地形地貌，注意辨识主洞道和岔洞，记忆水流的方向，在每一个分岔口建立明显的标示——如叠石塔，甚至做草图，以降低迷路的风险。

• 水淹

洞穴中的地下河、地下湖的水量往往因天气突变而变化巨大。应尽量避免雨季和天气突变时进入洞穴，特别是接近暗河，空间狭小的洞穴时。并注意观察洞壁上最高位水线的情况。

杖等协助探路；洞中水温接近地方年平均温度，即冬暖夏凉。应尽量保持身体干燥，过低的水温容易导致抽筋。过急流和瀑布必须使用绳索保护，水路穿行应穿着救生衣和潜水服。

• 岩石崩塌

应注意观察洞壁、洞顶是否有不稳定的局部岩块，尽量避开。

• 有毒生物

在洞口地带，常有一些有毒生物如蛇、毒虫等，可采取敲打草丛、惊吓等措施预防。

• 缺氧窒息

如遇通风不良，甚至空气闭塞的洞室，特别是低处常常有二氧化碳沉积，进入时如发现呼吸困难应该立即出洞，避免因慢性缺氧而晕倒。但有地下河的洞穴一般通风都较好。

洞穴充满了未知，一切行动都应小心，不做无准备的冒险，行动前应进行实地调查访问，并充分准备所需器材；宜 3 人以上行动，单人决不进洞；队员间需要互相照应，而不能各走各的；最好有当地向导同往；要有应急预案，比如留下出行信息给家人或朋友，复杂的洞穴宜在洞口设立后援营和人手，一旦发生问题可及时处理。

• 行进

干洞行进要注意平衡。注意清理线路上的浮石，处于其他人高处要避免踩落石块。发生落石情况应大声提醒他人注意。水底地形复杂，水中行进时应用木棒、手

锡

人类为什么要研究和保护洞穴 >

洞穴是早期人类的居住地，也是人类最早的文化艺术的摇篮，要研究人类的起源和发展，人类文化、艺术的产生和早期的发展，必须研究洞穴。洞穴堆积、生物和气候具有很高的科学价值，需要深入研究。洞穴内景色奇特、气候宜人，是重要的旅游资源，目前全世界有上千个旅游洞穴，每年有数千万个旅游者。洞穴内储有丰富的矿产资源，主要有锡、铝土矿、压电石英、水洲石、芒硝和鸟粪等，汞及钽、铌、铀、镭等稀有元素也与洞穴有关。在埋藏的喀斯特洞穴中有石油和天然气。岩溶洞穴不仅是重要的生态系统，也是一种不可再生的自然文化遗产。洞穴不仅孕育了众多的洞穴生物，也是人类最早的居住环境，是人类文化艺术的摇篮。保护洞穴环境，对研究人类文化、艺术的产生和早期发展具有重要意义。

人类未来的地下世界 >

洞穴的历史已超过100万年，洞穴曾保护原始人免受风雨和猎食动物的侵袭。现代人不再需要洞穴的保护，但今天

铝土矿

的人们为了另外一些理由进入洞穴。

考古学家进入洞穴，研究史前人类留下的艺术及工艺品。因为洞穴是绝佳的考古遗址，它的气候及化学环境可以长久保存工艺品。考古学家说，你在一年间的任何时候进来，都会发现情况总是一样。2000年来，4000年来，这些地方都没什么改变。从人类的历史来看，这里简直是亘古不变，简直像是个时光机器。不但如此，虽然人早已不在了，但他们留下的东西却原封不动没有改变。

地质学家偏爱洞穴，因为他们是地球历史的橱窗。而且所有洞穴都不一样，每个洞穴都是独一无二的。洞穴的形成方式很特别，尤其是石灰岩所形成的岩洞，80%以上都是被酸性侵蚀而形成。地质学家说，许多洞穴很潮湿，而且里面会有大量二氧化碳，很容易形成洞穴碳酸钙。洞穴碳酸钙是洞穴内美丽奇异的结晶体，它通过化学反应形成，会慢慢长大，就像是活的岩石。

生物学家入洞研究，因为洞内自成一个动物王国。研究一个洞穴，就会看到地球上其他地方看不到的生物。科学家认为，他们也许可以找到特殊的微生物，用来制成有用的产品，也许是对抗某种

疾病的新药，或者能发现某种微生物能分解有毒废弃物，这些答案都在洞穴里，等待他们去发掘。

许多史前文化认为洞穴是丰饶之地，也是生死之地。法国南部岩洞上的生物野兽已存在3万年，洞穴环境使它们保护得很好。它们诞生于最后一次冰河期，当时的法国是狮子争斗及犀牛漫步之地，科学家们一直想知道，这些壁画究竟是象征性、仪式性的还是精神性的？

考古学家认为，对原始人来说，洞穴意味着深入大地，大地是神圣的有生命的实体。假如你信仰神灵，会认为这个环境是活的，同时洞穴又令人们恐惧，这也是洞穴的吸引力之一。人们在洞穴中感受到魔力。

神秘诱惑的挑战没有人知道地底世界有多大，世界上将近120个国家都有洞穴，其中几千个洞穴已被人涉足过，但还不到总数的百分之十。

但每个探索洞穴的人，都必须面对危险与挑战，如果低估洞穴，就会招来灾难。尤其当人类深入地下100英尺，或深入水底洞穴5000英尺时。每年仅在美国，

就有10个潜水员在洞穴里丧生。

现在，许多地方有了观光洞穴可以让游客参观，但原始洞穴仍然属于探险者和冒险家，探洞者必须有经验和技术，才能在原始洞穴里得以生存。探险的收获就是新发现带来的兴奋。进入黑暗的原始洞穴绝不轻松，有时根本看不到脚该放在哪里，黑暗的洞底很可能深不可测。在观光洞穴，任何人只要花一点钱，就能进入，但很少人能进入原始洞穴，因为要进入原始洞穴，必须有合格的向导。假如有任何问题或感觉不适，或者向导认为你当天状况不佳，都不能进入。因为这是个危险的行为，一不小心甚至会危及别人的生命。

没有尽头的猛玛洞是世界上已知最长的洞穴，通道长达356英里，有些还深入地下600英尺，它是三维空间系统，有多层分岔道，大小和规模都很惊人，它还有更多洞穴有待发现和探索，估计还有500多英里。

当人类初次进入猛玛洞时，这个洞穴已有300—500万年的历史，而洞里的石灰岩至今已经有3亿年的历史。

肯塔基猛玛洞的教堂洞室留有美洲土著探险家的足迹，从工艺品看来，他们4000四千年前就已存在，他们在这里做什么仍然是一个谜。

没有光源无法进入洞穴，一个困扰考古学家的问题便是，早期原住民在阴暗的洞穴里，如何找路？事实上，考古发现，原住民利用洞穴外的木棒做成火把，火把烧完就丢掉，再点燃新的。几个世纪以来，烧完的火把就弃置在通道两侧。实验结果显示，4到5支木棒组成的三英尺火把能连续燃烧45分钟到1个小时。

他们要这么长的燃烧时间做什么呢？考古研究表明，挖矿是其中一个答

案。考古学家认为史前人类对硫酸矿很感兴趣。硫酸矿的味道咸咸的，像盐，还有另一个作用是作为泻药，即芒硝。原住民把它开采出来作为泻药。这是考古学家研究了2000年到4000年之久的古老的人类排泻物后得出的结论，而且岩洞还保存了人类早期食物的线索，包括寄生虫，如今的猛玛洞已成为世界遗产，是生物圈保护区、美国国家公园及观光洞窟。即使有灯光和导游，进入洞穴，仍然像是在追随4000年前美洲原住民的足迹。

全新形态的另类生态系统洞穴内的生态环境与洞外截然不同，在阴暗的洞穴内，没有阳光、没有食物、湿度是百分之百。在洞外，平均温差可达38℃，而在洞内，平均温差可能只有1℃，甚至洞内外空气的化学成分也不同。这些都造成了洞内生态与洞外迥然不同，然而，动物依然在洞里生长、演化。

在洞穴的入口外，有一些适应两种生活的生物，比如蟋蟀，它们在洞外觅食，却在洞里栖身。再进入洞穴，光线减少，进入明暗交界区。很少有动物适应洞穴的明暗交界处，除了蝙蝠。蝙蝠在洞穴内冬眠甚至生产。在更深的黑暗区，人类必须依靠设备或工具，否则无法生存。但有些生物却以此为家，它们完全适应了黑暗、适应了深邃洞穴的生态。比如洞穴鱼、洞穴鳌虾，甚至还有以硫化细菌为生的微生物。

过去，洞穴曾被认为没有生机，但研究者逐渐认识到情况并非如此。洞穴生物的多样化几乎和地面一样丰富，而且是地球上真正的处女地，生物学家认为应该培养这些物质。宇宙生命学家波士顿从事外星生命和宇宙生命的研究，他对这些发现很感兴趣。他认为，如果这些细菌能在地球的极端环境里生存，如洞穴或深海中，不靠太阳能维持生命，它们同样可以在外星球上生存，比如在火星洞穴里就可以生存。

洞穴连结着遥远的时空，它们拥有远古时期的遗迹，也是通往未来的路口。一些科学家认为，我们不需要到外星球上造访另一个世界，因为另一个世界就在我们脚下的黑暗中，等待我们进一步探索。

金庸小说中深厚而神奇的中国洞穴文化

金庸小说中，洞穴作为中国文化的沉淀所在、传承所赖，实在是包纳阴阳，囊括虚实，神奇不已的。

首先，洞穴是一条神奇的时空隧道，它保存了历史，发酵出新生。《笑傲江湖》里华山思过崖的山洞，是五岳派与日月神教两代兴衰的归结处。令狐冲在这里临武功绝顶，看到了魔教十长老破解五岳剑派的壁图，在强烈的思想碰撞中，提升了武术认识，并且幸遇前辈风清杨，学得了独孤九剑，从此风雨江湖。在思过崖的山洞里，金庸通过令狐冲学剑的过程，揭示了专业学习理论与实践相辅相成的哲理。由壁图上魔教长老的破招，化解了师母岳夫人“无双无对，宁氏一剑”那一招，以及风清扬现教令狐冲学剑，与田伯光相斗，是从理论到实践；在总结与田伯光相斗的教训中学剑，则是从实践到理论。最后，又是在这里上演大结局，荡尽群魔，笑傲江湖。而给我们启示的，是令狐冲借助所谓魔教长老的尸骨，败却了左冷禅、林平之两个武林败类。可见正邪并非全在派别，而在其中的个体，所谓正中有邪，如嵩山派，如左冷禅；

邪中有正，如向问天、任盈盈。甚或每个人也是正邪混杂。要辨别明白，很是需要探微知著一番的。

其次，洞穴是一面神奇的镜子，它照出了人性、魔性和妖性。《连城诀》里，狄云、水笙被困雪谷，他们在一个石洞里共同拒敌，从而化敌为友，显示出了一个当时女子重视贞洁的意识，以及狄云磊落的君子心怀。君子不欺暗室，正是石洞见证了狄云真实的人性。还是在这山洞，号称大侠的花铁干颠倒黑白、胡说八道，水笙实情实说反遭冤屈，江湖众人不辨是非、龌龊猜疑的情态被展现得惟妙惟肖，充分映照出了人性的多面与复杂。特别是对花铁干，这个江南四大侠之一，在生死关头，抖落人性，还原妖性的刻画，虽然遽骤，但深合情理，无疑是金庸小说中给人以强烈印象的人物。《神雕侠侣》争夺郭襄一节，李莫愁和杨过，与金轮法王争斗中，躲进一个山洞。在洞里，杨过人性中机智、李莫愁魔性中母性的复苏，写得十分真实生动。再者《倚天屠龙记》张无忌在明教秘道学习乾坤大挪移，到第七重时，无法贯通，随即放下，从而使自己避免了走火入魔。这里就宣示了知足不辱这种健康的人性内容。还有就是张无忌和赵敏追寻谢逊、周芷若途中，因追一只獐子，进入一个小山洞。"山洞倒颇干净，并无兽粪秽迹，向里望去，黑黝黝的不见尽处，于是将獐子剖剥了，用雪擦洗干净，在火堆上烤了起来。赵敏除下貂裘，铺在洞中地下。火光熊熊，烘得山洞温暖如春。

再次，洞穴是灾难的庇护所和人类的家，它避免了毁灭和消亡。《倚天屠龙记》明教遭到丐帮、巨鲸帮、海沙派、神拳门各路人物大举来攻，岌岌可危。无可奈何之下，张无忌躲进本帮秘道，才避免了覆灭，得以重整旗鼓。再有，张翠山和殷素素栖身之所，就是一个熊洞。他们以洞为家，养育了张无忌，共同生活了8年。

《鹿鼎记》韦小宝在鹿鼎山上，也是在一个山洞里，与他的7个老婆，一起生活了几年。其实，人类最初的家就是天然洞穴。人类从那里生，死后又葬身在那里，真可谓生于斯处，死于斯处。

深邃的洞穴文化，实在是一所人类精神的宝藏。

图书在版编目（CIP）数据

溶洞探幽 / 张静编著. -- 北京：现代出版社，2016.7 （2024.12重印）
ISBN 978-7-5143-5220-7

Ⅰ. ①溶… Ⅱ. ①张… Ⅲ. ①溶洞－普及读物 Ⅳ. Ⅳ. ①P931.5-49

中国版本图书馆CIP数据核字（2016）第160836号

溶洞探幽

作　　者：张静
责任编辑：王敬一
出版发行：现代出版社
通讯地址：北京市朝阳区安外安华里 504 号
邮政编码：100011
电　　话：010-64267325　64245264（传真）
网　　址：www.1980xd.com
电子邮箱：xiandai@cnpitc.com.cn
印　　刷：唐山富达印务有限公司
开　　本：700mm×1000mm　1/16
印　　张：8
印　　次：2016年7月第1版　2024年12月第4次印刷
书　　号：ISBN 978-7-5143-5220-7
定　　价：57.00 元